# 神奇的醋

## 原來醋也可以這樣用

MICHEL DROULHIOLE 編著
史瀟灑 譯

Vinegar

# 神奇的醋

## 原來醋也可以這樣用


作　　者 Michel Droulhiole
譯　　者 史瀟灑
發 行 人 程安琪
總 策 畫 程顯灝
編輯顧問 錢嘉琪
編輯顧問 潘秉新

總 編 輯 呂增娣
執行主編 李瓊絲
主　　編 鍾若琦
編　　輯 吳孟蓉、程郁庭、許雅眉
編輯助理 張雅茹
美術主編 潘大智
美　　編 徐紓婷
行銷企劃 謝儀方
出 版 者 橘子文化事業有限公司

總 代 理 三友圖書有限公司
地　　址 106 台北市安和路 2 段 213 號 4 樓
電　　話 (02) 2377-4155
傳　　真 (02) 2377-4355
E－mail service@sanyau.com.tw
郵政劃撥 05844889 三友圖書有限公司

總 經 銷 大和書報圖書股份有限公司
地　　址 新北市新莊區五工五路 2 號
電　　話 (02) 8990-2588
傳　　真 (02) 2299-7900

初　　版 2014 年 4 月
定　　價 新臺幣 169 元
I S B N 978-986-6062-95-7

國家圖書館出版品預行編目 (CIP) 資料

神奇的醋：原來醋可以這樣用
Michel Droulhiole 作 . -- 初版 .
-- 臺北市：橘子文化 , 2014.04
面； 公分
ISBN 978-986-6062-95-7( 平裝 )

1. 家政 2. 手冊 3. 醋

420.26 103005823

# 序

## 富不能缺，貧不能離

醋是生活中常見的調味料，用途廣泛而價格低廉。

醋被譽為是「家庭的守護神」和「人身的保護神」！

無論貧富貴賤，無論疾病健康，生活中都不能缺少醋！

醋的優點非常多，用途極廣，廣被用於醫學、美食、美容等各方面。同時，它還是清潔劑、除臭劑、消毒劑、去垢劑……在大多數情況下，它是高效和環保的。

醋使食物變得容易消化，還能提升食物的味道。吃得開心，更要消化得好，才能使身體健康。醋還有一種特質，就是多吃也不會有害，反而能幫助消化，還能緩解頭痛。

本書從醋的起源講起，簡單敘述醋的製造方法、種類、食用方法，重點是介紹醋在居家、美容、健康、美食等方面的實際妙用，整理出 150 多條有用的資訊，其中有很多用途都是經過科學驗證確實有效，卻鮮為人知。相信這些應用小常識可以幫助讀者，改善我們的日常生活！

知識可以豐富生活，學會這些有關醋的小常識，生活將會更有品質！

# contents

## PART 4　醋與保健



## PART 5　醋與美食



## 附錄

# PART 1

## 偶然發現的醋

醋是從哪裏來的？怎麼來的？沒有人確切知道。醋很可能源於葡萄酒，有可能是蘋果汁發酵變酸，成了第一批醋，或是生長在亞洲的某一種穀物發酵變成的……

# 醋的起源

所有的醋都是經由兩個連續的化學反應得來的，這兩個化學反應都是靠接觸空氣中的氧自發完成。第一個反應是把糖分轉換成酒精，第二個反應則是把酒精轉換成醋酸。

以葡萄和蘋果為例，自遠古的蒙昧時代，人們就知道這裏提到的第一個化學反應能把葡萄變成葡萄酒，把蘋果變成蘋果酒。除此之外，第一個化學反應幾乎能把自然界所有的水果、蔬菜以及其他含糖分的植物，轉變成各種各樣的酒精飲料。

第二個化學反應會製造出醋，所以醋不一定來自於葡萄酒。

## 酸葡萄酒

也許是出於偶然，人們發現、發展並釀造出葡萄酒；同樣地，也許是出於另一個偶然，人們發現隨着與空氣接觸時間的增加，葡萄酒會慢慢變酸。這時候，千萬不要把它扔掉；相反地，要堅持在這條錯誤的道路上走得更遠，等它越變越酸。

不論如何，過去的人總是什麼都捨不得扔掉。這是我們的祖先或者祖先的表親之所以發現這種「酸葡萄酒」優點如此之多，這些優點使得「酸葡萄酒」從製造到成品形成一個獨立的體系，而不被視為副產品。

## 「發酸了」

人們常稱那些腐壞、變質的東西「發酸了」、「變成老醋了」，甚至說有些人很酸腐。

但是，也有人認為這個貶義的說法對醋來說並不公平，因為即使醋確實是來自於變酸的葡萄酒、蘋果酒，或是啤酒、燒酒等，但是變來的醋卻有極佳的鎮痛、緩解作用。倒是它的「前輩」一酒，會使人驟然變興奮，使身體變燥熱，不利於健康。

## 酒的酸化

所有的醋都是源於酒的酸化，來源可以是葡萄酒、蘋果酒及所有發酵的液體，酒精變酸就成了醋。事實上，沒有人確切知道醋是從哪裏來的，怎麼來的。醋很可能源於葡萄酒，有可能是蘋果汁發酵變酸，成了第一批醋，或是生長在亞洲的某一種穀物發酵變成的……

至於其他種類的醋，歷史不一定比葡萄醋短，它們的功效也只會多不會少。就從由蘋果酒變來的蘋果醋開始説起吧，它最初就是由蘋果變來的。最新鮮的蘋果產於亞洲中部，但是它們被種植在更北的地方，尤其是曾經劫掠歐洲海岸的北歐海盜——維京人的居住地周邊；這些維京人也是大旅行家。有些歷史學家甚至用蘋果和葡萄來闡釋基督教對抗無神論，在歐洲取得的進步與發展：蘋果是一種邪惡的禁果，而葡萄做的利口酒則是神聖的，常被用於做彌撒。

## 醋的其他來源

醋還有其他的來源，大家應該都知道大米也可以釀成醋吧！醋可由白米、黑米或紅米發酵而得，或者由葡萄酒、米酒而來。

# 醋的作法

自製醋並不難，但是不能心急，尤其是大部分工作要靠自然來完成，我們幫不上忙。

醋的釀製比酒的釀製要容易得多，相較之下，顯得更方便。此外，醋還有一個好處，飯後喝醋，不必像喝葡萄酒那樣勉強自己再喝一杯。有時候，當你實在不想喝酒的時候，多喝一杯可無法帶來什麼好處和樂趣。

## 選擇容器

首先，選擇一個容器，容量至少要 3 公升，最好是用木頭做的或是土燒的小酒桶，上面至少要有一個桶口和蓋子。這個口是用來倒入葡萄酒，也是用來倒出釀好的醋。如果有一個漏斗，上述這兩個步驟操作起來就會更方便。

最理想的設備是一個做得像醋桶的橡木桶或粗陶壺，上有一個加酒的桶口和一個出醋的水龍頭；一定要避免使用金屬容器，哪怕是鍍了錫、上了釉的都不行。玻璃容器也不是很適合，不是因為它的材料不好，而是太透明。醋和酒很像，這對「父子倆」都不喜歡光照。

醋有一點跟酒不一樣的地方，那就是它不喜歡被保存在涼爽的環境裏，它需要 20℃到 25℃的溫度，甚至在剛開始的階段，它所需要的溫度更高。要知道，只要氣溫低於 10℃，細菌就會入睡，不再進食。

最後一點，如果選擇的醋桶配有開關或水龍頭，而且是密封的，就先裝滿水放置 24 小時，看它會不會漏水。然後，還要記得一點，醋的酵母可能會堵住水龍頭，每年需要疏通一次。醋桶的好處是可以安靜地存放醋的酵母，還可以簡化步驟。

## 最理想的容量

醋桶不能裝太滿，最多不能超過三分之二的容量，設計得最好的醋桶是一個完美的喇叭形，如此一來，當它裝了三分之二的酒之後接觸到空氣的面積會很大，接觸空氣的面積大對釀醋有很大的好處。

## 選擇原料

最好的醋是自己釀的醋，只要用每天喝剩下的葡萄酒就可自製醋，想想看，你可以選用自己最喜愛的葡萄酒。

除了兩、三種極為上品，同時價格也很昂貴的醋之外，用自己喝剩下的葡萄美酒釀的醋最好。無論是紅葡萄酒或白葡萄酒，還是粉紅葡萄酒甚至灰葡萄酒，都可以用來釀醋，只要是好酒，所有瓶底剩下的葡萄酒都可以。

這些葡萄酒如果拼湊起來，哪怕是給最差勁的釀酒師喝了，他的毛髮都會豎起來；但是醋能廣納這些東拼西湊的各色葡萄酒，只要它們是好酒。

## 好葡萄酒＝好醋

一瓶好的葡萄酒，若是被遺忘在某個角落很久之後變酸了，它會變成一瓶好醋。相反地，一瓶劣質或普通的葡萄酒，除了變成普通的醋之外，變不成其他東西。同樣地，一瓶充滿防腐劑的葡萄酒會抵制醋化作用，永遠都變不成好醋。

誠然，好醋源於好酒；但是，在一開始釀醋的階段，最好還是選用高品質的新酒，它比陳年美酒發酵得更快。陳年美酒固然美味，但是它們的化學狀態已經達到一種平衡，不容易失去穩定性。

好醋要用只含少量酒精的淡葡萄酒來釀製，尤其不要用 13、14 度的葡萄酒！這點跟一般人想的不一樣。當酵母成型之後，就可以加入各種葡萄酒了，但每次都只能加入少量。

# 醋的製作步驟

## STEP 1

在容器中倒入至少 1 公升的葡萄酒，或是將喝剩的葡萄酒積攢起來，等到足夠分量之後，再倒入容器中。

## STEP 2

隨着時間推移，會聞到一股刺鼻的葡萄酒味，還會看到液體表面結了一層膜，這層膜會慢慢變稠加密，變成醋的酵母。

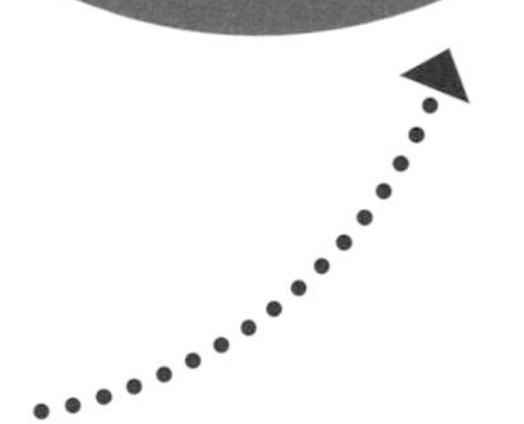

## STEP 3

這種物質首先經過耶穌的鑒定，被當作真菌，實際上它是由一些細菌組成的，透過與周圍的空氣接觸形成的，這層膜在吸取營養後，把酒精轉化成醋酸。

## STEP 4

這些細菌繁殖得非常快，它們會在液體表面形成一層厚厚的「毯子」。記得週期性地查看醋是否釀成時，只需撥開一點就可以了。

## STEP 5

釀醋的這個過程需時2～4個月，接著就是潷清。從醋桶裏倒出醋時，建議不要把醋底倒出來，留一些在桶底。

## 注意事項

**不要塞住塞子**

醋桶上的軟木塞千萬不要塞得太緊，要留點空隙讓空氣出入，但不要鬆到果蠅都進得去。可以用一小塊乾淨的抹布蓋住它，這是一個老方法，免費的，比一些新花樣管用。當然，當它接觸過葡萄酒或醋之後，記得要換塊新的抹布。

**用酵母加速發酵**

請放心，這種方法和上一種方法一樣天然，只不過這種方法抄了一條捷徑，就是從別的醋裏提取酵母直接加入，這樣做有很多好處，接下去會講到。這個方法可以節省時間，不會有什麼損失。

**用醋加速釀造**

這種方法也是純天然的，如果沒有酵母，可以在葡萄酒裏加入 20% 到 30% 未經過巴斯德消菌法（即低溫殺菌）滅菌的醋。無論如何，最重要的是在葡萄酒表面形成酵母，不然液體就會變質。

**酵母的生長和消亡**

醋的酵母就像所有的有機體一樣，都有生命的循環。它生長和繁殖得很快，能迅速占領醋桶裏有限的空間，剝奪其他細菌的生存空間，然後漸漸開始腐爛，等它耗盡所有的氧氣，此時距離酵母菌的死亡也為時不遠了。酵母菌死去之後，好聞的醋香就會被可怕的臭氣所取代。

所以每隔一段時間，就需要用新鮮的葡萄酒和一小塊「健康」的酵母更新醋桶，好的酵母有一股好聞的酸味。

除此之外，醋桶每年都需要清空一次，要小心收回酵母，不要損壞它。輕巧地把醋倒出來，最後再把沉到桶底那些柔軟、略帶紅色的物質撈出來就可以了。

桶底這團醜陋的東西並不是酵母，而是死去的細菌的屍體，它們會使醋發臭，還會殺死酵母。

**醋桶裡的果蠅**

醋桶周圍總是飛着一些果蠅，牠們也會出現在一瓶開封的葡萄酒周圍。這些果蠅是完全無害的，只要確保不讓牠們進到醋桶裏去，不然牠們會在裏面產卵，如此一來，醋就很快會被那些小小的、令人討厭的蛆占領了。

這些蛆要如何分辨出來呢？牠們很小，白色的，很好動。

如何除掉這些果蠅呢？只要取一個茶碟，裝了醋水或檸檬水，再加一點果肉，任何一種水果都可，把果蠅引開，引到一個角落裏去，讓牠們淹死在牠們最愛的液體中。也可以採用抓胡蜂用的透明捕蟲器捕果蠅。

## 添加香料的醋

自家釀的醋也能像白醋一樣加香料，但是有一個條件：要一次一次加，每次從醋桶裏把醋倒出來之後再加，不要一次全部加進整個醋桶裏。最合適的香料是大蒜、香蔥、龍蒿、茴香、生薑、迷迭香、鼠尾草、百里香等，還有很多香料都可以拿來加在醋裏面。

## 製醋的宜忌

使醋遠離所有的化學品、清潔劑、農藥、去污劑、除臭劑等，因為這些東西不但會使醋染上苦味，更糟糕的是，它們可能會殺死醋的酵母。醋尤其不能和葡萄酒放在一起，也不要放在附近，因為醋酸的揮發物會使葡萄酒變質。醋只能和與它相似的東西放在一起。

應遠離醋的東西

## 製醋不能犯的三大錯

一次加入太多的葡萄酒，尤其是倒在一個空的醋桶裏。

倒入酒精含量高的烈酒，一般會犯這個錯都是出於好意，想要加速醋的釀製；但是事情正好相反，一開始釀醋的過程中要儘可能用淡葡萄酒。所謂淡葡萄酒並不是指用葡萄加水釀製的飲料。

把醋桶存放在陰涼的地方，這倒不見得會殺死酵母，但也不會給酵母帶來多大的好處；要知道，釀醋最適宜的溫度是在 25℃左右。

如果犯了以上三種錯誤，可能會殺死酵母。

# 五花八門的醋

所有的醋都是源於酒的酸化，可以是葡萄酒、蘋果酒及所有發酵的液體，酒精變酸就成了醋。

除了酒精醋之外，有兩種醋是比較特殊的，即葡萄酒醋和蘋果酒醋，還有添加了香料的香料醋，以及水果釀製的果醋。

# 白醋

現今歐盟對醋訂有標準，含醋酸量最少在 5、6 度，即 5% 或 6% 的比例，其中乙醇的含量（酒精變成醋酸的反應似乎永遠都是不完全的）不可超過 0.5%。但是有兩個例外：葡萄酒醋的酒精含量可以達到 1.5%，某些特殊的醋，其酒精含量可以達到 3%。

接著，我們分別來介紹各種醋。

白醋是今人沿襲、模仿祖先釀醋的方法，所釀造出來品質優良的醋。這是最晚出現、最簡單的醋，同時，它的價格低廉。

白醋又名酒精醋或水晶醋，因為它是天然透明無色。

白醋是直接由純工業酒精或幾乎純淨的工業酒精得來的，不含葡萄酒，也不含蘋果酒或其他水果，白醋是醋的家族中最後一個降生的，也是運用最廣的。

## 白醋的生產方法

工業化生產醋選擇一種在三個製程中都是最快速、最多產且最簡單的生產方法：從工業化大量生產的甜菜中萃取糖分，將它轉變成濃縮酒精，純度大約在 95% 左右，再把酒精同樣以最快的速度完全轉換成醋酸。至於度數，按酒精在葡萄酒中的比例和醋酸在純白醋中的比例約為 10%。

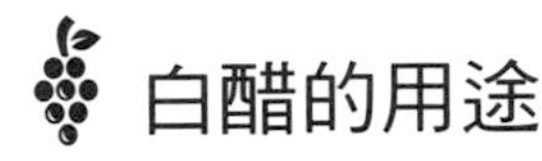

## 白醋的用途

白醋可根據用途的不同加以稀釋，只要鑿穿塑膠瓶瓶塞所預留的小孔就可以了。白醋價格不貴，是在家庭生活中排名第二位既便宜用途又廣的產品，排名第一位的是比它略勝一籌的自來水。

值得一提的是，儘管白醋是高度工業化生產出來的，它仍算是一種天然產品，幾乎沒有刺激性，而且功效極佳。此外，白醋還是清潔劑、除臭劑、消毒劑、去垢劑……在很多情況下，它是最高效同時也最不傷人的。白醋還是一種環保的家用品，不僅能夠迅速且完全地被生物分解，也不會在空氣中釋出有害揮發物，不會造成空氣品質的惡化。

這種醋的品質可以好得很驚人，但是其中千差萬別，它是家庭必備良藥，有許多好處。在這種醋裏加入不同的香料，就可以成為各種不同種類的醋，但這只是白醋所具備的多種潛力之一。

Tips

**白醋就是水晶醋**

白醋有時候也被冠以「水晶醋」的名字出售。如果售價因此提高，那就有問題了，因為這兩者是完全一模一樣的東西。

## 溫和不刺激

白醋可以用於清洗、去污與消毒等，所以可與漂白劑輪流使用。

白醋還有漂白劑所沒有的功效，例如能當柔軟劑。白醋的主要優勢在於它比較溫和，不容易造成損傷，即使在特殊情況下造成了損壞，其程度也是微乎其微。

漂白劑會釋出大量有害物質，如果長時間或近距離使用，就會受到危害。但另一方面，白醋用於消滅微生物，如病毒、細菌、真菌，效果不如漂白劑強。

**白醋 VS 白葡萄酒醋**

白醋是直接由純工業酒精或幾乎純淨的工業酒精得來的，白葡萄酒醋則是由白葡萄酒發酵而來的。前者不含葡萄酒，也不含蘋果酒或其他水果的醋，是醋家族中最後一個降生的，也是運用被最廣的。

# 彩色醋

彩色醋是以白醋為基底，最容易得到的一種產品，只要加入一點焦糖，白醋就變成了好看的琥珀色。如此一來，啟發人們在白醋裏加入各種調味香料。

在視覺上，彩色醋比白醋更有吸引力，但是同時也失去了去漬的功效。它不再是去污劑而成了染色劑。

**Tips**

焦糖是一種天然染料，它的成分並不複雜，僅僅是燒焙過的糖。

# 葡萄酒醋

葡萄酒醋是最為人知，最廣被使用，也是最有用的一種醋，尤其是在法國。葡萄酒醋源自於開了瓶的葡萄酒，裏面的葡萄酒在乾爽陰涼的環境中漸漸轉化為葡萄酒醋。

## 釀造葡萄酒醋的方法

**原始方法**

最主要的釀製過程大約需要一個月時間，但最優質的「古法釀製的葡萄酒醋」需要放在更大的酒桶裏，然後用一年的時間讓它在常溫中慢慢變陳。不過，最頂級的「古法釀製的葡萄酒醋」如今都成了一種奢侈品，很稀有，但一直存在。

某些葡萄酒醋被冠上著名的葡萄酒名，例如香檳酒醋、波爾多酒醋等，這些算是特殊產品。

**奧爾良法**

釀醋這一行就像其他許多職業一樣，於 14 世紀正式在法國出現，但是這不表示在此之前沒有這一行的存在。

這個職業最先在奧爾良產生並繁榮起來，可能是因為有大批的酒經過漫長的旅途，在運抵首都之前，還要經過最後一個步驟。釀酒業者在奧爾良這裏，把經過長途運輸後變酸了的酒挑選出來，只留下保質保量的酒。

奧爾良人因而積累了製作醋的傳統工藝，這種釀醋方法因此也稱為奧爾良法。這種製法的發酵過程很天然，用裝在橡木桶裏的好酒釀造，無需攪拌，也不添加任何東西。

### 德國方法

最近出現一種稱為德國方法的釀醋工藝，特色是在其中加入山毛櫸碎屑，這種木屑含數量很多的細菌，此外，這個釀醋的過程又能透過葡萄汁的流通和氧化作用得以加速，這種天然（這是很天然的，因為山毛櫸和空氣都不是合成產品）的過程能縮短三分之二的釀醋時間。

### 現代的方法

更現代的方法僅需不到 2 天的時間，在大型的酒桶裏注入大量空氣，讓溫度保持在 30℃左右。這種方法也是天然的，因為它並沒有加入其他物質，只有葡萄酒和水。

# 赫雷斯
# 白葡萄酒醋

若要在地圖上找赫雷斯（Jerez）這個地方，你是找不到的，除非你找到西班牙安達魯西亞省的首府塞維利亞附近，這個地方以 F1 賽車出名。因為赫雷斯這個地名，才有「雪莉酒」這個英文字。你可以說，赫雷斯白葡萄酒醋之於醋家族就像 F1 方程式賽車之於汽車。

## 製造方法

赫雷斯白葡萄酒醋來自當地天然甜葡萄酒的醋化作用，用來釀製赫雷斯白葡萄酒醋主要有 3 類葡萄品種。

這種醋的奇特之處還在於，它被存放在容積為 600 公升的橡木桶裏慢慢變陳，這些橡木桶一字排開，每個桶裏裝有 500 公升的醋。這些橡木桶從不徹底倒空，最古老的木桶裏裝着最陳的葡萄酒，每次只從桶裏倒出來一部分用於商貿。

最陳的酒逐次與年份短些的酒混合，到最後的木桶裏裝的葡萄酒年份最短。優質的馬拉加香葡萄酒也遵循這套系統，這樣能使酒的濃度達到一種和諧狀態，也能使香味和酸性達到平衡。這套系統還引出另一個特點，就是赫雷斯白葡萄酒醋裏仍含有 3% 的酒精。

## 市售的赫雷斯白葡萄酒醋：

- 赫雷斯白葡萄酒醋 DO，至少 6 個月陳釀。
- 赫雷斯白葡萄酒醋 Reserva DO，至少 2 年陳釀。
- 赫雷斯白葡萄酒醋 Gran Reserva DO，至少 10 年陳釀。
- 赫雷斯白葡萄酒醋PX DO，加入六分之一的甜酒，因此水果芳香更濃。
- 赫雷斯白葡萄酒醋 al moscatel DO，加入麝香葡萄酒，因此不那麼酸。

這種優質的醋色調昏暗而優雅，不論用在什麼菜肴中都合適，表現優異，可說是優質醋中的佼佼者，它可以開胃，還有幫助消化的作用。由於赫雷斯白葡萄酒醋從不在未成熟的時候就拿出來銷售，因而隨着時間的推移，它的性質很穩定，開封後暴露在空氣中也不會起變化。

赫雷斯白葡萄酒醋是當代名人的寵兒，它之所以風行，是因為它的品質卓絕且獨特，這可不是盲目跟風造成的。

# 蘋果酒醋

不可否認，蘋果酒醋在醫療功效上被認為優於一般的葡萄酒醋，它甚至優於品質上乘的葡萄酒醋或其他的天然醋。

但不論是葡萄酒醋、蘋果酒醋、蜂蜜醋、啤酒醋、米醋還是其他種類的醋，各有各的特性，這些特性比它們的共同性更重要。

時下非常流行蘋果酒醋，可能是因為它在美國很受歡迎，美國人喜愛追求時尚。美國大量生產蘋果酒醋，其中 10% 的產量居然是用於製造番茄醬！蘋果酒醋性質溫和，僅含 5% 的醋酸，但它含有大量的礦物質，這點得利於它的「母親」：蘋果。蘋果酒醋還有個優點，由於它並非集約型經濟生產，因此品質比較優。

歐洲每年生產及銷售約 6 億公升的醋，包括酒精醋、葡萄酒醋、蘋果酒醋等。僅法國一地年產的醋量就占據一億公升以上，其中包括約 8,000 萬公升的白醋，3,000 萬公升的葡萄酒醋，及大約 500 萬公升其他種類的醋，多數為蘋果酒醋。

Tips

**不斷有新發現**

有一點是消費者應該知道的：截至目前，關於不同種類的醋在醫療功效上的學術研究，還不夠嚴謹。唯一可以確定的是，這些醋都有很多功效，人們一直不斷地在探索，不斷地有發現，對醋的認識也一直在增加。

# 香料醋

由於酒精醋是中性的，又是無色的，所以很容易製作成添加了香料、着了色的香料醋。但是最基礎的原料還是白醋，白醋之於香料醋正如化學酒精在利口酒裏所占的地位一樣。

所有加了香料，如羅勒、栗子、檸檬、龍蒿等的香料醋，都是以白醋為基底，白醋可提煉和純化天然香料。

## 香料醋的製法

製作這些醋有兩種方法：

- 把這些植物或果實直接浸泡在醋裏面，不用加熱，泡上幾天、幾個月，甚至幾年時間，瓶子裏的這些植物果實還能裝飾白醋。
- 把萃取的香精溶入白醋中，這樣就不需要浸泡。

自己動手製作香料醋，記得把要植物整個浸泡到白醋裏，如果香料和白醋在同一水平面上，甚至一部分香料露出在醋的水平面之上，它就會長霉，進而使香料醋變味。

## 羅勒添加醋

首先，把羅勒浸泡在白醋裏至少一個月的時間，然後過濾一遍，最後裝瓶。這種醋能為冬天吃起來平淡無味的沙拉增添芳香。如果自製這種醋，可以在裝瓶時往裏面加入一枝羅勒，這樣不但能發揮裝飾作用，同時還能提升醋的口味和色調。有時候，我們會加入鼠尾草來減弱羅勒添加醋那股強烈的味道。

## 薄荷添加醋

真正的薄荷添加醋製作步驟有兩個：首先，把薄荷、細香蔥、月桂葉、丁香等放進醋裏浸泡。然後，在浸泡至少一個月之後，過濾掉其他香料，只留下一枝薄荷，最後裝瓶。

這種特別的醋並不便宜，但不論是用在生食或熟食的菜肴裏，都可帶來極佳的口感，其中略帶有一絲辛辣。它能緩解消化不良、腹瀉、腸胃脹氣、胃食道逆流等。

## 百里香添加醋

百里香有時會和一枝迷迭香一起被浸泡在醋裏。這些芳香的植物都是完美的提味劑，既能用於生菜沙拉，又能搭配煮熟的白肉。

## 鼠尾草添加醋

鼠尾草浸泡在醋裏味道會變溫和，它是一種優質的輕瀉劑，常被製成湯劑。鼠尾草本身有一種特殊的香味，所以鼠尾艼添加醋有絕佳的提味效果。它還有鎮痛、舒緩的功效。有需要的話，不妨試試鼠尾草醋，因為它不會給人體帶來什麼傷害。

## 迷迭香添加醋

在醋裏浸泡入一枝迷迭香，如果可能的話，再加入一大把迷迭香的花，泡上 2 ～ 3 個星期，然後過濾裝瓶，迷迭香添加醋就製成了。有些人還喜歡用胡椒粒、茴芹、丁香等裝飾它，但是只有迷迭香本身能帶來最原始的味道。它適合搭配所有生菜，能緩解偏頭痛，增強記憶力。

## 薰衣草添加醋

把薰衣草這種甜美、芳香的植物與具有強烈酸性的醋相結合，這個主意乍聽之下很奇怪。事實上，薰衣草醋既可用於廚房，也可用於廁所，因為薰衣草的芳香非常濃烈，有時可以用來掩蓋其他味道。如果把薰衣草添加醋放在一個封閉的房間裏，能舒緩神經，減輕偏頭痛。

## 龍蒿添加醋

龍蒿添加醋裏所添加的不只是龍蒿，龍蒿往往與普羅旺斯香料及胡椒粒一起浸泡，整個浸泡在醋裏的龍蒿味道濃烈。製作龍蒿添加醋最好是用白葡萄酒醋。

## 茴香添加醋

同時加了百里香和茴香的茴香添加醋是吃魚用的良伴，尤其適合配烤魚吃，這種醋也可以搭配大多數沙拉吃。

## 大料添加醋

大料添加醋的種類和大料一樣多，芫荽、草荳蔻等都是一種大料。用各種大料製作的添加醋都能為淡而無味的菜肴提味，「大料」不等於「辛辣」兩字。

## 胡桃添加醋

胡桃添加醋既適用於白肉又可配搭綠色生菜。它雖然美味，卻不太為人所知，它還是很棒的溶液。

## 柑橘添加醋

柑橘添加醋有很多種類，從科西嘉橘到細皮小柑橘，從柳橙到檸檬，從檸檬添加醋到香橙添加醋，還有添加柚子的醋等等，這些醋的味道幾乎都讓人想到檸檬添加醋。

## 檸檬添加醋

檸檬添加醋所含的檸檬和醋，這兩者都具有強烈的味覺，性質也相似；檸檬酸和醋酸混合會產生一種溫和的香味。這種醋常常用於烹飪，就像檸檬一樣，它同時也能除臭、淨化空氣等。檸檬添加醋的口味很奇特，有人酷愛，也有人不喜歡。

## 蜂蜜添加醋

蜂蜜添加醋又酸又甜，既適合放在調味醬汁裏，也能直接加入菜肴裏，尤其適合放到煮熟的菜肴上。我們常在蜂蜜添加醋裏加入迷迭香、鼠尾草和百里香。

## 覆盆子添加醋

覆盆子添加醋的特質讓它既適用於海鮮，也能搭配紅肉或野味。在醋的家族裏，覆盆子添加醋還有一個特色：它的混合效果極佳。

## 辣椒添加醋

辣椒添加醋能使幾乎所有的菜肴變得更美味，尤其適用於沙拉、麵條和肉類。注意不要放太多，因為不是所有的人都喜歡吃辣。

## 洋蔥添加醋

洋葱添加醋製作起來很簡單，只要將切細的洋葱浸泡在紅葡萄酒醋裏，就可製成洋葱添加醋。洋葱只需浸泡幾個小時，自製洋蔥醋又比上市場買要便宜很多。傳統上，用來搭配生蠔食用的就是這種醋。

## 大蒜添加醋

把大蒜和醋這兩種重要的調味料結合，所得到的肯定不是一種普通的產品。大蒜添加醋是一種特別芳香的醋，它能夠把最乏味的沙拉變得有滋有味，就像享用美味的菜肴時要有特定的葡萄酒佐餐一樣。

## 香蔥添加醋

醋的特點是有股酸味，香蔥也是，但是它們的酸味不一樣。製作香蔥添加醋的方法是把香蔥、胡椒、芥末浸泡到白醋中約一個月時間，然後過濾、裝瓶。上述這些配料都能提味。

## 生薑添加醋

生薑添加醋的口味很重，最好搭配冷的生魚沙拉食用。不論是否加入胡椒粒，生薑醋的味道都很棒。生薑醋也適合搭配鴨肉和其他白肉。生薑添加醋和生薑本身一樣，具有壯陽功效。

## 蒲公英添加醋

蒲公英是一種天然利尿劑，也有保護肝臟的作用，效果不錯。把它製成蒲公英醋之後，就保留了它的特性。這種醋也可以自製，只要在醋裏加入蒲公英或蒲公英的花蕾，像製作醋漬小黃瓜一樣製作蒲公英醋。

## 風輪菜添加醋

風輪菜鮮嫩，風輪菜添加醋能使食物變軟而易於消化，特別適用於不易消化的澱粉類食物，如馬鈴薯、豆莢或雞蛋。誠然，幫助消化是所有醋共有的特性，但風輪菜添加醋更勝一籌。

## 添加醋的醋

很多添加了香料的醋可以由葡萄酒醋、蘋果酒醋，或其他水果、蔬菜、綠葉植物做的醋取得。如此一來，醋本身的香味與添加的物質所具有的香味混合在一起，這種醋往往是最優質的。由於醋變得越來越流行，越來越時尚，人們會用它來做各種各樣的嘗試，不過有些嘗試並不是很成功。

# 水果醋

這部分講的醋不再是指添加水果的醋，而是指直接用水果製作的醋，例如最常見的葡萄做的葡萄醋、蘋果做的蘋果醋。醋的用途廣泛，人們的想像力也很豐富。在這裏看到前文已經提到過的幾種水果時，不需要過於驚訝，因為添加了覆盆子的醋——「覆盆子添加醋」與用覆盆子製作做的醋——「覆盆子醋」，不論是口味或特性都不相同。

## 椰棗醋

椰棗中所含的糖分很多，所以很容易發酵，然後酸化變成椰棗醋。但這種醋的產量很小，原因可能出在生產國對酒精的控制。無論如何，這種醋仍值得探究，尤其可以研發用它製成的酸醋調味汁，味道一定很特別。還有一種用椰棗棕櫚樹的汁液釀成的醋，這種植物更難找到，我們就把它留給好奇的美食家去尋找吧！

**酸葡萄汁**

酸葡萄汁並不是一種醋，而是用尚未成熟的青葡萄做的酸汁，酸葡萄汁因此也稱作青葡萄汁。當醋被廣為使用之後，酸葡萄汁逐漸失寵。不過，我們仍然用它來融汁，或用作調味汁的組成原料。你也可以把它做成酸醋調味汁，來代替檸檬汁或醋。酸葡萄汁真能代替醋或檸檬嗎？不見得，但是偶爾一試無妨。

## 無花果醋

從上古時代起人們就知道無花果醋了，如今人們再次發現，幾乎是重新創造了這種醋，它既可以用來製作成美味的調味汁，也可以搭配像肥鵝肝、紅肉這類的菜肴，還可以使水果沙拉的味道更濃郁。

## 野生無花果醋

野生無花果醋可以被追溯到很遙遠的時代，甚至可能比西班牙人征服中美洲時期還要早；當初是一個殖民者，或者更有可能是一個當地人，想到而且有勇氣要去剝開這種長着利刺的多肉美味水果。這種稀有的醋還是一種減肥產品，它最好搭配油膩的菜肴吃。

**甜葡萄酒醋**

甜葡萄酒醋醇厚的醋香味很濃，大概是因為它源於經過大約 4 年時間釀造的甜葡萄酒，這種天然溫和甜美的甜葡萄酒被放在橡木酒桶裏，曝曬在太陽下。然後用傳統的方法製成醋，最後精煉並裝入大桶。

甜葡萄酒醋是沙拉、或溫或涼的魚肉的完美搭檔，也是用來製造上等醃泡汁和調味汁的組成成分。這種醋的特別之處還在於它能搭配巧克力甜點吃，口味新穎而奇特。

## 矢車菊醋或越橘醋

這種加拿大醋是在蘋果酒醋裏浸泡越橘，這樣不但泡出一抹優雅的紫色，還加入一種與眾不同又鹹又甜的味道。

## 覆盆子醋

即使覆盆了醋的酸味也無法掩蓋覆盆了的香味，反而使覆盆子的芳香更濃了，尤其是當它被用在甜品上時。覆盆子醋還可以讓熟的動物肝臟變軟嫩，覆盆子酸醋調味汁能提升白肉、生菜沙拉的味道。

## 栗醋

這種英國特產的醋適用於燒製紅肉、魚類或熟的海鮮。栗醋還能使冰鎮的甜點口感更新鮮，使油炸食品變得更容易消化。

## 芒果醋

芒果醋這種奇特的醋是用途最廣的醋種之一，它可用於糕點、白肉、鴨肉，還可以把它調製成各種醬汁，或是搭配生菜食用。

## 葡萄柚醋

葡萄柚醋被認為是一種減肥產品，這一點並不奇怪，因為葡萄柚和醋都具有減肥功效。葡萄柚醋可以搭配蔬菜沙拉吃，也可以搭配比較油膩的魚類一起吃。

## 棕櫚醋

棕櫚醋跟椰棗醋或椰棗棕櫚醋完全沒有關係，它是用亞洲甜棕櫚的汁液製作而來的。在往柬埔寨的旅途中可以找到這種樹，或者在巴黎的第十三區也可能找到。

## 羅望子醋

很少有人知道羅望子醋，更少人懂得用它。羅望子醋也是源於一種很甜的水果，它的助消化效果很好，非常適合用於做亞洲菜，但問題是得先找到這種醋才行，這個步驟可不是烹調亞洲菜的步驟中最簡單的一步。

## 甘蔗糖汁醋

甘蔗糖汁醋是由甘蔗的甜汁做成的，可以用它來做糖漬水果，這種醋盛產在安地列斯羣島，它很適合拿來做日本菜。

# 其他醋

## 啤酒醋

啤酒醋是最古老的一種醋。可以用啤酒，最好是黃啤製作這種醋，也可以用製作啤酒的麥芽汁直接釀製啤酒醋。雖然它的味道並不濃，因為啤酒本身就不含很多酒精，尤其是黃啤，不過一般的醋所具有的功效它都有：融汁、做成酸醋調味汁、防腐等。它的溫和甜美是其他種類的醋比不上的。

啤酒醋很可能像葡萄酒醋或蘋果酒醋那樣，具醫療功效。事實上，目前所發現啤酒的一些特性，尤其是手工製作的啤酒，人們對啤酒的瞭解還不夠全面，由於一些酒精中毒事件，使啤酒蒙受不白之冤，一般人對它的印象不太好，這種印象掩蓋了它其實具有一些功效的事實，甚至是顯而易見的功效。

啤酒醋的種類很多，從半工業化生產到珍貴稀有的應有盡有。

## 米醋

米醋是白米、黑米和紅米發酵後的產物。它可以直接由米粒發酵得來，但更常見的是由米酒得來，甚至還有源於燒酒的米醋。

在西方人眼中，米醋還是相對不常見的；但在東方，從很以前早就開始大量使用米醋了。

東方人生產出各種各樣的米醋，有很濃很酸的中國米醋，也有很香很溫和的日本米醋。這些優質的醋首先被用在亞洲菜裏，和生薑及辣椒一起放入菜肴中來提味，它是做菜用的調味料冠軍，也是酸甜醬的精髓，能使不易消化的菜肴變軟，同時，它也是一種天然的防腐劑。但是米醋要放在陰涼處遮光保存，就像存放其他種類的醋一樣。

米醋和葡萄酒醋、蘋果酒醋、啤酒醋一樣具醫療功效，這裏就不再詳述了。米醋是不可缺的，如果沒有米醋，日本的生魚片就成了一道很危險的菜了。

## 穀物醋

穀物中的澱粉轉變成糖分，然後被釀成酒，最後變成醋酸，從而得到這種穀物醋。穀物醋是一種很有用的天然防腐劑。

## 楓糖漿醋

楓糖漿醋從哪裏來的，當然是加拿大，這點應該不難猜到吧！問題出在楓樹太喜歡加拿大了，不肯移動，所以只好等到去加拿大旅行的時候再來發現了。

## 乳清醋

乳清醋是赫爾維西亞的一種特產，是由乳清利口酒的醋酸發酵得來的。乳清醋有助消化，這一點得益於醋酸在乳酸中占的優勢。這也使它具有一種很獨特的酸味。

## 蜂蜜醋

蜂蜜醋是由蜂蜜水所製成的，是酒精在蜂蜜水裏發酵的產物。蜂蜜水可能是最早被醇化的飲料，潮濕的蜂蜜暴露在空氣中，自然而然就能發酵。

蜂蜜裏的糖會轉化成酒精，如果繼續暴露在空氣中，酒精就會轉化成醋酸。因此，即使蜂蜜醋是最近才被人重新發現，它很可能是醋最早的形式之一。

蜂蜜醋的溫度比較高，在 7℃～ 9℃之下，蜂蜜中的高含糖量轉化為高酒精度，接着再轉化為醋酸的濃度。這種醋能做成一種原始的醃泡汁，也能像其他醋一樣使用。要釀出陳年老醋，需要把它放在橡木桶中約一年時間。

## 香脂醋

Aceto Balsamico Tradizionale 是香脂醋的義大利名，它的主要特性是：它不是醋！事實上「香脂的」意思是「芳香植物」，是由尚未發酵的葡萄汁燒焙製作得來的。

義大利人把葡萄汁放在容器裏煮上很長時間，把它煮沸而且讓它蒸發，直到容器裏只剩下一小半葡萄汁。然後把這樣得來的利口酒裝進橡木桶裏，放在有陽光且通風的地方，讓它慢慢變陳。蒸發能使葡萄汁的濃度變得更高，然後再把葡萄酒從橡木桶中倒出一半來，裝到小些的櫻桃木桶裏，再把新的葡萄酒汁倒入橡木桶中。

在接下來的 12 年裏，香脂醋再被倒入白蠟木桶裏或栗木桶裏。這就是真正的傳統香脂醋。

一般的香脂醋變陳需要 3 ～ 5 年的時間，它酸酸甜甜的味道很適合搭配沙拉、白肉和熟的魚類吃，時下也很流行用它搭配甜點；但自己做一般很難成功，只有大廚的妙手才能用香脂醋做出美味的甜點。

還有另一種產品，是香脂醋的濃縮版，它需要至少 12 年時間才能陳釀，有的甚至要釀半個世紀；使用起來也只需要很少的量，光是它的價格就讓人不敢浪費。

Tips

**如何分辨香脂醋**

真正的香脂醋都有一個特性，就是很黏稠，與真正的醋相比起來，香脂醋更像糖漿。最貴最稀有的香脂醋使用起來是按滴計算的。但是市場上總能看到各種各樣稱為「香脂醋」的產品，它們是用多少加了點香料和焦糖的葡萄酒釀製的，雖然這些醋聞起來也挺芳香的，但它們並不是真正的香脂醋。

# PART 3

## 醋與家務

白醋有許多用途，既高效又方便。

酒精醋或者工業用醋的第一項功效就是溶解鈣質，這就使其成為一種去除水垢、使玻璃器皿更透明、使金屬製品更有光澤、使布料顏色更加鮮艷的理想產品。它是各種水鏽最強勁的敵人，如果把它加熱，溶解效果還會更好！

它能去除油污、殺死細菌、去除氣味，同時還能輕鬆去除一些污漬。

# 居家清潔

醋的用途廣泛，且刺激性小，它是可以完全生物分解的。除此之外，白醋是所有清潔劑中最廉價的。但是，我們也不能沉浸在醋的完美裏，排除市面上其他的清潔劑。就以漂白水來說，它的去污效果比醋要好，尤其是它的殺菌能力。

## 洗藤編家具

藤編家具既輕便又舒適，但是也很難打掃，因為這些藤條總是重重疊疊纏繞在一起。不過要清洗還是有辦法的，比起用肥皂水或專用清潔劑來，用稀釋過的白醋清洗更有效。

僅僅日常維護的話，用白醋水就足矣，若是用於更徹底的清洗，則用濃度為 50% 的白醋。

## 清理地毯

清理地毯是一項大工程，它會造成室內的空氣中充滿灰塵。認真吸塵之後，可以用刷子沾上濃度稀釋為 75% 的白醋來刷洗地毯。不要讓地毯濕透，但是要讓白醋滲進去。如果在刷洗時發現一些污跡，正好可以滴幾滴純白醋清除它們。

在少數情況下，當地毯晾乾後，如果對清洗結果不甚滿意，這時再用化學產品來處理也不遲。醋還有一個好處，它能讓略微褪色的地方恢復光彩。

## 洗地板

不管醋的濃度再怎麼高，也可以每天都用來清洗地面，不過醋水的濃度最好還是不要超過 10%。光用純白醋，就連頑固的污跡都可以除去，或者再搭配使用肥皂也可以，不會有問題的。所以何樂而不為呢？一年用醋清洗個 3 ～ 4 次，哪怕每月一次，就能預防一些疾病或染上寄生蟲。

## 去泥污

看到泥污不要立刻去摸它，讓它自然晾乾，乾了的泥污刷一下就掉了。泥污刷掉之後如果還留下一點痕跡，只要用摻了四分之一白醋的冷水清洗就能去掉痕跡。

如果這樣還不足以除去所有的污跡，那就試試用純白醋搓洗，實在不行就用一個切開的馬鈴薯擦洗。最重要的是，先等泥污變乾再採取措施，大多數情況下只要輕輕刷一下，就可以去掉泥污了。

## 清洗寵物籠

不要把鳥類、齧齒類等養在家裏當寵物的小動物自由放任在住所中，牠們的籠子需要每個月都徹底地清掃一次。最好的清潔劑和消毒液就是漂白水了，但是出於兩個原因，促使人們還是選擇使用白醋。

首先，漂白劑會損壞籠子或箱子底部光滑的保護層，不論這個保護層是金屬的還是塑料的。其次，從長遠來看，氯的揮發物會腐蝕這些小寄宿者的肺。因此，應該把用漂白水清洗籠子的頻率改為每 2 ～ 3 個月一次比較合理。

## 清洗貓砂盆

貓屎有一種很難除去的氣味。對於定期清洗貓砂盆，白醋看上去很管用。它的清潔消毒效果幾乎和漂白水一樣好。「幾乎」這兩個字很重要，因為漂白水對貓來說就像磁鐵一樣，會吸引貓去貓砂盆排便而不是去其他地方。

所以即使再怎麼不喜歡漂白水，也應該在每兩次清洗貓砂盆時至少選一次用漂白水清洗，儘管市面上銷售的貓砂盆又只有少數能抵抗漂白水的腐蝕。

注意：在清洗貓的糞便槽時，有些貓對醋有一種排斥性，在極少數情況下，醋能使貓遠離糞便槽而去其他地方排便。

# 廚房清潔

## 清洗微波爐

微波爐在生活中就像做菜用的鍋一樣不可缺。它幾乎可以自行清潔。只需將白醋和水按 1：1 的比例混合，裝入一個容器中，裝到三分之一處即可，如果裝得太滿，白醋可能會濺出來。然後，放進微波爐裏，讓它在微波爐裏沸騰。

注意，不要忘記在溶液沸騰時關掉微波爐，然後讓溶液留在微波爐裏留一小時。如果對結果不是很滿意，就再來一次。在最後一遍結束時，如果有必要的話，擦一下微波爐內壁，然後讓微波爐的門開着透氣。

節約能源：當微波爐的門打開時，爐內會亮起燈，這時只要按一下「停止」鍵就能讓燈熄滅，隨手節能做環保。

## 清洗洗碗機

洗碗機要每年清洗 2 次。洗的時候，可以放入一種專用的清潔劑，然後在沒有裝餐具的情況下完成一遍清洗過程，以便洗淨機器本身。也可以用大約一杯純白醋來代替這種專用清潔劑，這樣做沒什麼壞處，洗淨後的餐具上所留有的氣味，足以說明哪個方法更好。

## 清潔砧板

不論是木質的還是塑料的，砧板都是微生物的溫床，傳統的清洗只會使細菌滋生越來越多。這時，需要用刷子蘸着純白醋刷洗。想要知道這樣清洗有沒有效果，只要拿到鼻子前面聞一聞：如果它不再散發出任何氣味，可知白醋已經完美地達成了除臭任務，由此可知，它也起了消毒作用。

**Tips**

自然晾乾

不需要擦拭砧板，就讓上面的白醋自然晾乾，這樣消毒效果更好。

## 清洗玻璃杯

用白醋代替洗潔精洗刷失去光澤的玻璃杯能恢復它們的光澤。長期使用，還能除去玻璃杯的污垢，高效且沒有刺激性。

但是失去光澤的玻璃杯往往已經老舊了。所以不要用超過 50℃的水去清洗它們，因為它們那把老骨頭承受不了這種高溫。要怎麼知道這點呢？先在一塊玻璃碎片上試一下。同時要注意在把它們放進洗碗機時，用墊塊墊穩，因為老舊的玻璃同時也承受不了敲擊。

## 除去標籤

不論是要除去玻璃瓶上貼的商標，還是要清除汽車擋風玻璃上的標籤，白醋都能發揮效用。先用手盡量刮掉這些標籤，再沾上熱的白醋擦拭一遍，就能把標籤清除乾淨了。

## 漂清洗碗機

清潔劑幾乎已被純白醋全面取代了。白醋最明顯的優勢，是用它漂洗過的玻璃杯會閃閃發亮，在大多數情況下，白醋比清潔劑的效果好。使用白醋還有其他優點，那就是它完全無毒無害，這跟那些工業產品就不一樣了。

我們可以做一個簡單的試驗，從使用清潔劑清洗的洗碗機裏取出一只玻璃杯，待它完全變乾後，往杯中倒入清水，這時就會看到水在輕輕地冒氣泡，可見每天用這只杯子喝的水裏就含有某些物質，這些物質雖然不危險，但不一定對人體有利。

如果用純白醋代替清潔劑，就不會出現氣泡，也就不用擔憂，水中也不會留有任何味道。但餐具乾燥後的效果是一樣的。經過觀察，在大多數情況下，用白醋漂洗過的餐具比用清潔劑洗過的更有光澤，尤其是玻璃杯。

**Tips**

**不敗的超低價**

醋的成本價比清潔劑的價格要便宜很多，白醋的價格是最便宜的清潔劑的三分之一，比一些知名清潔劑，白醋的價格更是不到它們的八分之一，甚至不到十分之一。

## 防止蛋殼碎裂

在煮雞蛋或鴨蛋時，往水裏加入一些醋能防止蛋殼碎裂。但要知道這個效果如何有一半是取決於蛋殼的品質，以及一開始的水溫。要讓蛋在水中慢慢加熱，當水溫超過 10℃時再加入醋，不然蛋殼還是會碎。

## 清洗蔬菜水果

與其在水龍頭底下清洗水果和蔬菜，讓水嘩嘩流走，不如塞上水槽的排水孔，蓄滿清水，再倒入一點點醋，這樣水果蔬菜才不會沾上醋味，但會使附着在上面的小蟲子立刻脫落：這些小蟲子的存在正好說明這些水果蔬菜是新鮮、天然的。

## 保護去皮後的蔬菜

含少量白醋的水還有一個好處，就是能使略微有些枯萎了的水果蔬菜復甦過來，變得堅韌挺拔，例如生菜葉。把去皮後的蔬菜放進醋水中，能使暴露在空氣的蔬菜變黑的速度減緩不少，這樣做還能保護蔬菜不受細菌染指。

Tips

**天然保護層**

天然的保護很重要！水果和蔬菜要等到最後使用前再清洗。因為那些髒了的表皮或受損的菜葉對水果蔬菜來說是最天然、最完美的保護層。洗了備著，雖然隨時可以用，但同時也降低它們的抵抗性。

# 玻璃清潔

鏡子和玻璃窗是白醋最擅長處理的材料，具體方法：把酒精、醋和水以 1：1：1 的比例混合，放入噴霧器中，充分搖勻後噴到玻璃上，然後用揉成團的報紙擦拭。

## 清潔玻璃窗

每個人都有清潔玻璃窗的方法，從市面上買來的清潔用品到家庭自製的溶液，每家的配方都不盡相同，但都是含有白醋的。用一團蘸了白醋的報紙擦玻璃窗或鏡子，可以把玻璃擦得非常清澈。如果是使用市面上買的清潔用品，擦完之後再用報紙蘸一點白醋擦拭一遍，然後等玻璃乾了之後，在陽光下欣賞一下成果。

## 擦拭淋浴間的玻璃

擦拭淋浴間的玻璃隨便擦擦可不行，最好用一塊乾燥的超細纖維布，沾一點點白醋來擦拭，這樣幾乎不用花錢就能得到很好的效果。那麼既然已經擦完淋浴間的玻璃了，不妨順便擦一下水龍頭。

# 衛浴清潔

## 清洗水龍頭

醋是水槽、水龍頭、盥洗室等的特效去污劑，只要把醋留在長了污垢的地方 10 分鐘左右，使它充分反應，然後再用清水沖洗掉就可以了。如要清洗水龍頭底部或水槽周邊，就用純白醋擦洗，在它完全變乾之前再用一塊乾淨的抹布擦拭一下，不需用水沖洗。

## 清洗漏水的水龍頭

如果洗衣機或洗碗機的水龍頭會漏水或滲水，它的橡皮墊比較好更換，只要用手就可以把它擰緊或鬆開。如果水龍頭比較緊，就用一種鉗口有布片或皮條保護的鉗子。只需要用白醋水或純白醋清洗一下橡皮墊和底座，再刮一下水垢，清洗完後再把這些都裝回去。

最好的情況是：這樣就修好了。
最壞的情況是：再買一個新的橡皮墊。
尤其不能做的是：為了防止漏水而把水龍頭擰太緊，這樣做只會帶來更嚴重的損壞。

## 清除不鏽鋼上的污跡

當不鏽鋼沾上污漬後就會失去光澤，解決方法是：用稀釋過的白醋或檸檬汁使勁摩擦。如果對結果不甚滿意，那麼等不鏽鋼乾透後，用浸過麵粉和白醋的抹布搓擦。

## 清洗不鏽鋼物件

不論是不鏽鋼鍋還是不鏽鋼水槽，日常維護的方法都差不多：在正常使用的情況下，用肥皂水或洗潔精清洗就足夠了。

要除去由鈣質留下的白色痕跡，只要用白醋和水擦洗就可以了；如果殘留的鈣質很頑固，那麼就在溶液裏加入鹽，或者乾脆使用純的白醋。純白醋不需要用太多，就算再怎麼稀的白醋溶液，只要多給它點時間反應，所能得到的效果也跟純白醋一樣好。

不鏽鋼水槽需要每週至少消毒一次。塞上排水口，在水槽內注滿水，根據水槽裏的水的容積加入半杯至一杯的白醋。白醋對於除去不鏽鋼上的水垢也同樣有效，如果白醋是熱的，效果會更好，所以清洗不鏽鋼物件時把它們放在鍋裏洗比在水槽裏洗更方便。

## 清洗排水口

水槽、水盆或浴缸的排水口通常會出現兩種問題：要麼關不上，要麼關上後就打不開。其實，只要調整一下下面的螺絲，就能順利地打開和關上排水口。也許排水口的開關沒問題，但不能保證密封，這是它周圍的橡皮墊的問題。

如果橡皮墊上明顯包了一層沉澱的水垢，就需要取熱水和白醋，按 1：1 的比例倒進水槽或浴缸中，沉積的水垢就會消失了。記得，還要時常用浸了純白醋的洗碗用海綿仔細刮擦水槽底部的金屬底座，有時還要用刀片刮去水垢，但要小心刀片側滑。

## 疏通水槽

傳統上用於疏通的產品主要是以腐蝕劑為原料，這些產品的效果很好，同時也很危險。還有一些產品，雖不含腐蝕劑，仍然很危險。使用疏通劑之前，可以嘗試用小蘇打和醋的混合物倒入管道中，最好是熱的。這種方法的效果有時好得出奇，還能除臭而不腐蝕管道。

Tips

**水槽選購與保養**

如果住處的水質含鈣量很高，那麼要盡量避免選購不鏽鋼水槽，如果水槽是用混合材料製的，還要避免選擇白色或深色的。另外，污垢在深色的衛生設備上比在淺色的衛生設備上更顯眼。

## 清潔洗手台

白醋還能清潔廚房與衛浴的陶瓷洗手台。它同時能徹底去除難聞的臭味。在像廚房與衛浴這樣潮濕溫熱的環境下，很容易滋生微生物，微生物正是臭味的製造者，白醋則能殺死這些微生物。這裏提供兩種方法，先用沾了酒精醋的抹布擦拭，如果仍留有一些污垢，再用加熱的白醋擦一遍。若想要除臭，尤其是衛浴，可以噴點純的或稀釋過的白醋。這對有污垢的水龍頭和清潔用具一樣適用。

## 洗浴缸

浴缸與飼養小動物的籠子都是微生物滋生的溫床，尤其是容易導致真菌病的細菌，浴缸比小動物的籠子更潮濕且溫熱，對漂白水的抵抗力也更強，所以可以利用醋來清洗。醋的消毒作用很強，又不傷皮膚；用漂白水清洗過浴缸之後，如果沒有沖洗乾淨，可是會傷身的。

## 保持長時間潔淨

那些用濃度 5% ～ 10% 的醋水清洗過的東西，從地磚到眼鏡，最後都會再次變髒，但保持潔淨的時間為用清水或其他產品清洗過所能保持的時間長個 2 ～ 3 倍。

## 清潔洗衣機

用醋清潔洗衣機首先可以在衣物柔軟精方面節省不少花費，每次洗衣只需用 1～2 湯匙的白醋就能代替衣物柔軟精了。

水中含有的鈣質會損傷洗衣機，要想在洗衣機受損之前除去裏面的含鈣污垢，需要每年清洗洗衣機 1～2 次，在洗衣槽裏放入白醋，在洗衣槽裏麵沒有放衣物的情況下運作一遍來清洗機身，跟清潔洗碗機的方法一樣。用醋清洗洗衣機還可除味。如果洗好的衣服被遺忘在洗衣機裏，開始發臭了，這時只要倒 500 毫升的白醋在入洗衣槽裏，然後讓洗衣機再簡短地清洗一遍，衣物就又會變得乾淨而清香了。

## 清潔熨斗

熨斗都有一個毛病，裝水的容器及冒水蒸氣的底板容易沾上污垢。清潔這些有特定的產品，不過白醋同樣能完成任務，高效且不含化學成分。最常用的方法就是用沾了醋的抹布擦拭熨斗底板，或者也可以在原先裝水的容器裡裝上濃度大約為 2% 的白醋溶液。

# 臥室清潔

## 清除蝨子

蝨子的戰場並不局限在頭髮上，還要處理被褥和衣物，不然剛剛趕走的蝨子很快又會捲土重來。最簡單的解決方法是用 60℃以上的熱水，把這些衣物及寢具清洗一遍。先看過衣物的洗滌標籤，了解是否可以承受這種高溫洗滌，如果可以，就在漂白水中加入白醋，用以清洗衣物，一般來講這樣做就能除去蝨子及蝨卵，而不會損壞衣物。

## 清潔梳子和髮刷

把梳子和髮刷浸入熱的醋水中，不要太燙，直到醋水變涼。頭髮會變得容易解開些，髮刷上的毛也會變得柔軟，而且這個過程同時也能發揮消毒作用。

# 瓶罐清潔

## 清洗瓶子

清洗細頸瓶或長頸大肚瓶的傳統方法是倒入白醋，再加入一小撮米粒，然後堵住瓶蓋使勁搖晃。即使瓶子積上一層厚厚的污垢，只需要在白醋裏加入粗鹽，然後用同樣的方法清洗就可。

你也可以用一把老刷子（老方法）或一台洗碗機（現代方法）來加速清除污垢，只要瓶子不是太長都能放進洗碗機裏，但是要小心洗碗機上面的洗滌刷，同時不要忘記把瓶子放進洗碗機前，先撕掉上面的標籤紙，不然可能會堵住洗碗機的濾網。如果瓶子積了厚厚的污垢，不妨在瓶子裏裝滿粗鹽和白醋的溶液，浸泡許久後把溶液倒掉，然後再加入三分之一瓶的白醋和一小撮粗鹽，趁粗鹽粒未融化時使勁搖晃瓶子，這樣做可以增加摩擦力。

Tips

**無法用醋清洗的情況**

不論醋的濃度多高、溫度多適合，遇到某些情況，醋也會無能為力。例如，裝了添加茴香開胃酒的瓶子，茴香的氣味是最頑固、最難去除的氣味，無法用醋去除味，這些瓶子無法回收利用。

## 清洗陶器

清洗陶器就像清洗瓶子一樣，但是更方便，如果這個陶器是廣口的，可以直接把棉花團伸進去，用白醋清洗陶器的內壁，這樣比用洗瓶刷更直接，效果更好。

Tips

**輕拿輕放古老的陶器**

那些老陶器不容易承受敲擊和溫度的驟變，再說越重越厚的陶器越脆弱。所以一定要輕拿輕放。

## 洗手

每個人都可能弄髒手，比方說碰過機械之後，遇到這種情況的時候，哪怕只是換一下車胎，最好是仔細清洗一下雙手，以防黏稠的污物再沾到其後觸摸過的物體上。但是洗過手後，手上還是會留下一些去不掉的污跡，除非這麼做：一回家就把白醋和麵粉攪拌成麵團，用它揉搓雙手。這種麵團幾乎和專業機械師洗手用的產品效果一樣好，而且它不會損害雙手，使皮膚變粗糙。

# 除垢

## 清除電熱水壺水垢

一個電熱水壺經常使用之後會長水垢，電阻被包上一層鈣質之後，加熱效果就下降了，有時還會散發出難聞的氣味。

清除水垢最好也是最貴的方法是買一種去水垢的清潔劑，嚴格按照使用說明書去做，按一定比例把清潔劑和水一起倒入熱水壺中，加熱直到燒開，再燒幾遍清水以去除殘留。但是，你也可以用白醋和水按 1：1 的比例進行同樣的操作，一樣簡單有效又不貴。

## 清除咖啡壺污垢

除非使用說明書上特別強調之外，否則清洗咖啡壺也可採用清洗電熱水壺的方法。與其用市面上購買的除垢劑，不如就用白醋。最後洗淨時，用咖啡壺燒幾次清水即可，當然要記得拿掉過濾器。

提到使用說明，有些咖啡壺製造商也賣他們獨家自製的除垢劑，他們會標明不建議用白醋來清洗他們家的咖啡壺。事實上，這些自製的除垢劑只有一點比白醋強，那就是售價更貴！

面對這種情況有兩種方法：要麼不顧他們的標示，天絕對不會因此掉下來，哪怕是用下酸雨的形式，要麼就選購一種不如此挑剔的其他品牌咖啡壺。

## 清除茶垢

用去除咖啡壺污垢的方法來去除茶壺的污垢，雖然有些人喜歡只用熱水沖刷一下茶壺，來保留茶香。其實，為了衛生，還是應該時不時地徹底清洗一下茶壺。

## 清洗鍋垢

為平底鍋、雙耳蓋鍋、炒鍋除垢，往鍋底倒入約 2 公分高的醋，然後加熱至沸騰再關火。這種方法很簡單，但有一個缺點：會留下氣味。

還有另外一種方法，把白醋放在鍋裏常溫浸泡半天時間。這種方法不會留下氣味，但效果不如第一種方法好。最好的辦法是先用第二種方法，如果覺得污垢還沒有完全清除掉，再點火，用第一種方法清洗。

# 去污

白醋不僅是環保，更被公認是鈣質的天敵，用於除鈣是最有效的！白醋的特定用途在本書中有詳細的介紹，它的使用方法幾乎都是一樣的。如果要去除沉積的鈣，就在鈣表面抹上白醋，留置至少 10 分鐘，讓它們充分發揮作用，然後再用清水沖洗。如果這樣還不能完全去除污垢，那就把白醋加熱，再重複一遍。

## 清除蠟跡

已經上過蠟的表面要再上一次蠟，就得先清除已有的蠟，從技術面來看，除蠟很容易，但在體力上很累人，要用一塊浸了純白醋的抹布擦拭。要清除蠟跡也是用一樣的方法，先用一塊刮刀刮去蠟跡，再用浸了純白醋的抹布擦拭。

## 清除口紅印

用酒精或者按 1：1的比例稀釋的白醋清洗口紅印，再用清水沖洗乾淨。這兩種溶劑的不足之處是它們的氣味不那麼好聞。用卸妝水當然也能除去口紅印，但是卸妝水會在布料上留下更難去除的痕跡。

## 清除墨跡

用一塊浸了純白醋的紙巾或棉布擦拭污漬，直至污漬消失。酒精也同樣能起作用，效果很好。注意，把白醋和酒精混合起來擦拭並不是最高效的方法。

Tips

**使用過度的後果**

漂白水也是很好的除墨跡高手，但要注意顏色，漂白水的去污效果是非常徹底的，有時候甚至有些過度，它確實能清除污跡，但有可能在衣物上留下小洞。

## 清除幻燈片的污跡

沒錯，幻燈片已經過時了，但是它仍然有它的優點：一方面，有些照片是沒有辦法重拍的，只能使用現有的幻燈片。另一方面，幻燈片的畫質很不錯，要得到同等品質的畫面需要用至少 16 萬像素的相機才能拍得，而且幻燈片畫面的色彩穩定性能維持 90 年！

直接擦拭幻燈片可能會加重損壞的程度，所以要特別小心，沾上純白醋一點一點地擦拭，可以去除幻燈片上的痕跡和污點。

## 除去爐灶油漬

白醋總能除去沾在瓦斯爐灶或電磁爐上的油漬和黑點，同時不會造成它的支架脆化。所有可拆卸的組件，只要是沾滿污垢的，都可以放在純白醋裏浸泡半天或是一整夜，清洗後你會看見成果驚人。

## 清除油污

要把非常油膩的餐具徹底洗淨，不論是手洗還是用洗碗機洗，都只要在水槽裏倒入一杯白醋，白醋越熱除油效果越好。

## 除去鈣質污跡

含鈣物質產生的污漬，即使是頑固的鈣質沉澱，都能溶解在白醋中。如果效果不夠理想，就把醋加熱，缺點是熱醋的氣味實在不好聞。如果是要溶解布料上的鈣質，記得千萬不要加熱。

## 清除肥皂污漬

一般來説，肥皂是不會留下污漬的，但是它會產生一些沉澱物，灰塵若沾在這些沉澱物上，等衣物晾乾後就會形成污跡。如果有時間，就再洗一次，揉搓，然後用溫或熱的清水沖洗乾淨。更快的方法是用熱醋，它能更快且更徹底地清除污漬。

## 除去咖啡跡

沾上咖啡污跡後，只要馬上用大量的冷水清洗，污跡就會立刻消失。顏色不是很深的污跡，用稀釋的白醋搓洗就能除去；若要洗掉比較頑固的污跡，就需要用白醋和酒精的混合物洗滌，然後用清水沖洗乾淨。因為濕的時候看不到的污跡在變乾後又會跑出來，所以效果要等完全乾透後才會顯現。

## 去除口香糖

不管口香糖粘在哪裡，首先要把它刮掉。取一大塊冰塊放到口香糖上面，如果不想打濕，就用一個塑膠袋包住冰塊。口香糖遇冷會變硬，就會很容易刮掉。如果這樣的效果還不夠好，或是還留有一些痕跡，就用醋水來解決。先用冷的醋清洗，如果人不足以完全清除，再用熱醋清洗。

**Tips**

**冷水處理污跡**

不論什麼情況，請用冷水處理污跡。至少在一開始要用冷水，因為醋的熱度會把污跡烘熟，從而將它固定在衣物上，而不是讓它消失。

## 清除酸醋調味汁的污漬

很顯然，污漬的產生不是因為醋而是因為油。最快的解決方法是用冷水清洗。一個小污漬可以用丙酮或指甲油溶液來清除。但是最好的清潔劑還是醋水，它可以清除由於去污不完全而殘留下來的印痕。

## 清除襯衫領口上的污跡

用肥皂擦拭領口，然後浸到水裡沖洗，再晾乾。如果這樣還不足將領口清洗乾淨，就用浸了白醋水的抹布或海綿搓洗。如果這樣也無法清洗乾淨，就在白醋水中加入清潔劑再次搓洗，記得要用冷水。

## 除去陶瓷上的污漬

與清除布料上的污跡方法相反，陶瓷製品上的黑色污跡要用熱的白醋擦拭。注意，用過的抹布一旦開始變黑就需要換新的，不然會使陶瓷沾上其他污跡，或是反倒會把原來的污跡抹開來。

## 清除銅器上的污跡

把麵粉、醋、細鹽混合，調成糊狀，用它來擦拭污跡，直至污跡消失，接着用水沖洗，最後晾乾。

切記，只要是與銅器接觸過的物品都有毒。

## 清除皮具上的污跡

清除皮鞋上的污跡，先用鞋刷徹底刷一遍，再用抹布沾水擦拭。如果這樣還不足以去污，試試肥皂水，再試試稀釋後的酒精以及白醋，然後再用少量的清水沖洗，越少越好。等到皮鞋晾乾之後，再擦上鞋油。記得要用鞋油，不要用亮光蠟。

用同樣的方法也可以清洗皮衣、皮沙發，或是其他皮具上的污跡。只有一個問題：手頭上不一定就有同樣顏色的蠟或鞋油。實在不行就用無色的蠟，雖然它無法覆蓋污跡，但至少能改善皮具的表面。

## 清除熨斗上的污跡

熨斗的底板往往會沾上污跡，一旦出現這種污跡，可以確定它已經牢牢地附著在熨斗上了。首先拔掉電源插頭，讓熨斗慢慢冷卻，再用沾了白醋或肥皂的洗碗布擦拭，或者也可以用洗碗精。再把洗碗布和底板沖洗乾淨，擦乾，最後插上電源重新使用。

如果熨斗的底板沾上了頑固的污漬，尤其是當熨斗的溫度過高，融化了人造纖維布料，黏在熨斗的底板上時，需要墊一塊乾淨的棉抹布，把熨斗調到「羊毛」那一檔，在污跡上融一塊固體石蠟，然後用棉抹布上下來回擦拭，就可以除去污跡了，最後再用白醋清洗熨斗底板。

# 除鏽

## 清除金屬鏽跡

把一件生鏽的金屬泡進純醋裏能除去它的鏽跡。醋用於除鏽，有一個強大的競爭對手，那就是煤油，但煤油並不是一般人家裏隨意就能找到的物品。請注意，如果打算用醋除去一件金屬上的鏽跡，在除鏽之後要再輕輕塗上一層油，因為用醋除過鏽之後，金屬還會再生鏽。

## 擦洗小件金屬鏽跡

要除去小件金屬上的鏽跡，只需把它們浸泡在純白醋裏或是濃度為50% 的白醋水中，只要浸個大約一夜的時間就可以了。

## 擦拭銅器

若是用於清潔銅器，白醋很難做得比專用的清潔劑更好，雖然相較之下白醋有個優勢：天然無毒。但是請注意，就像清洗銀器一樣，白醋在清洗過銅器後所餘留下的殘渣也是有劇毒的。

## 清除銅綠

要清除銅綠，沒有什麼比市面上賣的專用去銅鏽產品更有效的了。也可以試着自己製作一瓶去銅綠產品：把白醋和氨水按 1：1 的比例混合，用以擦拭銅鏽。

## 擦拭銀製餐具

傳統的方法是用一種專用的產品擦拭銀製餐具，而且要嚴格地遵循產品的使用方法，不同品牌的產品，其使用方法可能差別很大。老祖母那一輩的辦法是用鋁紙把銀製餐具包住，浸覆到裝了鹽水的鍋裏，鹽水裏有粗鹽粒和碳酸氫鈉，加熱鹽水直至沸騰。不多久就會看到鋁紙變黑了，而銀製餐具卻銀光閃閃。注意：這種方法有時候很容易過頭，尤其是當銀製餐具表面鑲的銀很脆弱的時候，建議在選用這種方法時先挑一件最難看的銀製餐具試驗一下。

溫和點的方法是把銀製餐具浸到白醋中，只要能耐心等待足夠的時間，白醋就能使銀製餐具恢復光澤。這種方法的一大優點是：白醋與其他產品不同，它是無毒的。

切記，清洗過餐具後的白醋和其他傳統產品一樣有毒！

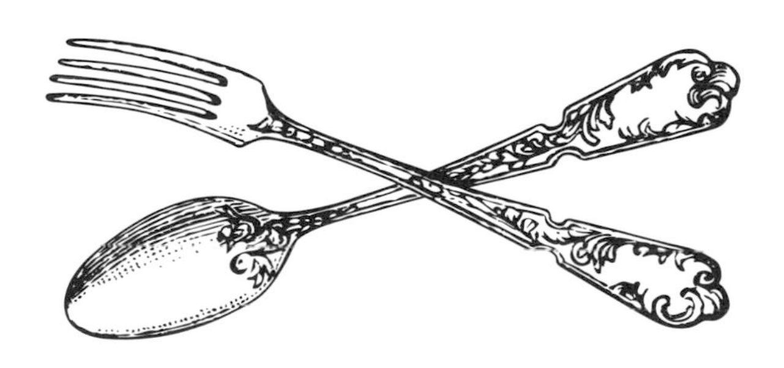

## 擦亮鉻製品

非常傳統也普遍為人所知的一種方法是用未稀釋過的白醋浸透一塊布條或一塊超細纖維抹布，然後用它輕輕擦拭鉻的表面。這種方法能夠擦亮昂貴的鉻製品，同時也適用於一些鍍鉻的表層，包括塗在汽車、摩托車、電動機車、自行車塑料外殼上閃亮的鉻鍍層，不過使用前還是要在不顯眼的地方試一下。

## 擦洗鋼鐵上的鏽跡

園藝工具上常常會出現鏽跡，巧的是大部分時候，在花園裏就地即可找到解決方法。一把乾草就是完美的工具，把它浸上白醋，用來擦洗生鏽的園藝工具，就能使它們變得有光澤，至少使它們外表看起來清潔而光滑，插入泥土時很滑很順手。同樣的方法當然可以用在除了園藝工具之外的物品上，只不過到時候手邊不一定有乾草，這時就可以找一些舊報紙代替。

# 去漬

## 清除水果漬

記得以最快的速度把果漬放到水龍頭底下用冷水沖洗。因為，時間一過，事情就會變複雜。有很多種傳統的方法可以去除果漬，但是沒有任何一種能令人非常滿意。

以布料而言，加了酒精的水、檸檬水或白醋是相對無害的，但有些紅色的水果漬，例如黑醋栗，就不是這麼容易去除，它只能用稀釋過的漂白水去清除，而漂白水會改變布料的顏色。桃子汁雖然看上去顏色不深，但它也一樣可怕，因為它的污漬會慢慢發黑。肥皂水用在人造纖維布料上，有時效果很好，而且沒有風險，此外，人造纖維布料用含醋的水就能徹底清洗掉。

## 清除果醬漬

用一塊刀片刮去果醬漬，從外緣往中心刮，注意不要把果醬漬抹開來，然後再拿到水龍頭底下用冷水沖洗。如果這樣做還無法洗淨，就在冷水中加入白醋去搓洗，然後沖淨。

## 清除蛋漬

清除蛋漬更需注意必須用冷水，先用刀片從外緣向中心刮，盡量刮去雞蛋漬，然後用肥皂水清洗。白醋水一樣有效，而且它還能同時去除雞蛋的氣味。

## 清除鹽漬

冬天大量撒在雪地上防滑的鹽沾上輪胎之後，可用浸了醋水的抹布擦拭它們，這樣可以去除鹽漬。結果要等輪胎完全乾透後才會顯現，因為暫時隱形的鹽漬一旦變乾，可能再次顯現出來。

## 清除青草漬

去污劑和洗衣精不是每次都能徹底清除這類頑固的污漬。有時候，甚至在清洗一遍後反而會加熱污漬，使它附著更牢固，或是使顏色更顯眼。到了這個程度之後，可能就更難去除這些污漬了。它們的顏色變淺了，但是在纖維裏卻黏得更牢了。

簡單的解決方法是用純白醋沾濕污漬，使純白醋滲透到布料裏去，然後讓它反應幾分鐘（一小時的反應時間會更充分，但不一定有那麼多時間）再像平常一樣放進洗衣機裏去洗。

Tips

**仔細檢查衣物**
從一場比賽、一次野餐或一次郊遊回來之後，要先仔細看看衣物，不要直接扔進放髒衣服的籃裏。

## 去除汗漬

汗漬又髒又臭，要同時去除這兩大問題，可以把染上汗漬的衣物放入按 1：1 比例混合的白醋和水溶液中，浸泡 12 ～ 24 小時。

汗液會使衣物褪色，所以需要把衣物浸泡在醋水中恢復顏色的鮮亮，但是不保證效果是百分之百。其實，如果能立即用清水清洗衣物的話，就能消除汗漬。這是最好的方法，而且能防止衣物褪色。

## 清除血漬

立即用冷水清洗，就可清除血漬。如果還留下淡淡一圈輪廓，就用鹽水、醋水，甚至純白醋，來清除這些頑固的污漬。酒精、氨水或雙氧水的效果也很好。

還有一種奇特的去污劑，就是冒泡沫的含有阿斯匹靈的水。另有一種更天然的方法，就是用生理食鹽水，它能溫和溶解血漬，但需要有耐心，慢慢清洗。

# 去味

醋是一個優秀的除臭能手，它既不會留下污跡也不會造成污染。一開始，醋的氣味會覆蓋臭味，在幾分鐘到一小時之後，醋本身的氣味也會消散。

## 清除腋下的臭味

如果腋下的氣味很難聞，只需用下列步驟來清除：把一塊布或一隻手套用醋浸濕，放到腋下，然後清洗布或手套，不用清洗腋窩，等腋窩變乾後再穿上衣服即可。

## 消除鞋子裏的臭味

用醋水刷洗鞋子內部，然後晾個幾小時，把鞋子晾乾，不但鞋子裏的臭味消失了，而且這種清爽無臭的狀態能持續很久。如果鞋子裏墊了鞋墊，那就更方便了，只需把鞋墊取出來用醋水清洗一下。如果有兩套鞋墊，還可以清洗後替換著用：一雙晾着的時候用另一雙。

## 清除冰箱臭味

冰箱發臭的事時有所聞，例如冰箱壞了一段時間之後，或是出門去度假前忘了把冰箱門關上，又或者把半隻雞忘在冷凍庫裏，從夏末放到來年春天，這些情況都會使冰箱發臭。

在擦洗完冰箱後，可以在冰箱內壁和架子上抹上一點醋，這樣做可以除臭。最簡單的方法是拿一個裝有白醋的廣口瓶放到冰箱的某一層架子上。

*請注意：裝了液體的廣口瓶很容易打翻在冰箱裏，所以要盡量把它移到冰箱深處，緊貼內壁。

清理過冰箱之後，要按照上面介紹的方法做一次，但是要用很熱的醋，可能的話，最好插上冰箱的電源，讓它運作起來，然後關上冰箱門，過幾個小時之後再回來。至於冷凍庫，每過一小時都要換上熱的醋。

*請注意：有時候到第二天這個過程還得再重複一次。白醋是極佳的守護神，話是沒錯，但是這個守護神很安靜，做事有條不紊，它需要時間。

## 消除持續到次日的氣味

最難聞的氣味當屬那些持續到次日還聞得到的氣味，不光是因為這時候氣味已經變質了，比新鮮的時候更難聞，而且，次口的氣味也更頑固。所以，要趕緊採取措施！

如果馬上就要去睡覺了，那麼趕快加熱一鍋白醋直至沸騰，然後把它放在房間裏。如果想要加速除臭，就把純白醋以細霧狀噴灑在房間裏，注意不要打濕物品。一次不要噴太多，不然就得想辦法除去醋本身的氣味了，雖說醋味能緩解各種頭痛，不是沒有好處。

## 清除坐墊上的氣味

這種氣味很難清除，因為氣味已經進入到坐墊內部了。用純白醋清潔坐墊能去除那些頑固的氣味，尤其是小孩的嘔吐物或貓尿。

## 去除霉味

為防止櫥櫃或貯藏室發霉，可以在櫥櫃或貯藏室裏面放一個牢固的容器，倒入 1 ～ 2 杯白醋。然後就把這個容器留在密閉的小空間裏。如果要除去一整個房間的霉味，就在一個水桶裏放一大把浸了純白醋的乾草，然後把水桶留在房間裏至少半天的時間，甚至更久。除霉味的效果好壞，關鍵在於把水桶留在密閉房間裏的時間長短。

## 減弱油漆的氣味和毒性

在一個大盆子底部放一些白醋，置於室內，能減弱油漆的氣味，至少讓它的氣味變得可以接受，但是這麼做無法去除油漆的氣味。這樣做還可以減輕油漆揮發物的毒性。這裏要提醒你，沒有氣味的油漆並不意味着它不會散發出揮發物，反之，因為它不易被察覺，可能更危險。

## 氣味警報

事實上，臭味是 100% 天然的警報，千萬不要忽視它。首先要做的是仔細打掃一下發出臭味的地方。有些人只想到噴上一些化學產品，使氣味變得好聞些，這樣做只會覆蓋霉味，無法根絕它。

* 注意：某些霉味之所以頑固是有其原因的，例如死老鼠、被遺忘而腐爛水果等，首先要除去霉味的根源，這才是最衛生之道。

# 清洗眼鏡

## 清洗眼鏡

現今的眼鏡多是用有機玻璃而不再是用礦物玻璃製成的，換句話說，眼鏡的玻璃是塑料製品，但經常為了防止出現刮痕，製造商會在有機玻璃表層覆蓋上石英。

其實，市面上銷售的清洗眼鏡的產品，不論是以噴霧劑形式直接噴到玻璃鏡片上的，還是先浸濕一塊用完即丟的拋棄式擦布，再用擦布來擦拭鏡片玻璃的，使用起來都非常方便。但是這些產品有它不足之處，先不說價格，這些產品長期使用下來會在鏡片玻璃上遺下殘留物，尤其在眼鏡框周邊。

如果用沾上液體皂的食指與拇指擦拭兩塊鏡片的兩面，再用大量的自來水沖洗，清潔效果不錯。但是如果能用醋水清洗眼鏡片，會比用市面上銷售清洗眼鏡的產品效果更好。

醋水洗淨污物的能力很強，洗過之後鏡片透明有光澤，而這種高透明度是一般清潔用品所無法達到的。而且，用醋水洗過的鏡片不容易再沾染上污物，它能維持清潔的時間比起用一般產品清洗後所能保持的時間長 2 ～ 3 倍。

# 除草除蟲

## 清潔花盆

有些花盆的上沿或周邊會出現白色的痕跡。降低花盆泥土的高度是沒有用的，因為這不是泥土的問題，而是花盆的材料不夠好。這種問題不只會發生在普通花盆上，也會發生在昂貴的花瓶上。

只要每星期在這個花盆上花幾分鐘時間，用一塊蘸了純白醋的洗碗用海綿用力摩擦污跡，接着再用浸了清水的海綿擦拭乾淨。記得每週都要做一次，時間久了，污痕就會消失。

## 清除雜草

醋並不是一種神奇的產品，卻可以做成噴霧劑，用來除雜草，很值得一試的。因為使用純白醋對環境無害，不像幾乎所有被標榜為「正牌」的除草產品那樣有害。

## 清洗垃圾桶

在換上乾淨的垃圾袋之前，輕輕地在垃圾桶內壁噴些醋水，就像要除去花園裏的蚜蟲一樣，但盡量不要弄濕垃圾桶，使垃圾桶保持直立，讓它自然晾乾，不然在蒸發過程中濕氣會凝結。

## 驅趕昆蟲

可以在門口或窗邊放上半瓶白醋，用來使昆蟲遠離。相反，醋能吸引那些安靜無害的小飛蟲，例如果蠅。如果使用葡萄酒醋、蘋果酒醋或其他新鮮水果醋，吸引果蠅的效果會更好。不要被這些小飛蟲嚇到，這意味着家裏沒有充滿殺蟲劑！

## 清除寄生蟲

花園裏的植物長了寄生蟲，在採取任何措施之前，先試着用醋水噴灑那些長了寄生蟲的植物，噴在最常見的寄生蟲上，例如爬在玫瑰上的蚜蟲。過 1 ～ 2 個小時之後，除蟲的效果就會顯現出來了。醋幾乎是唯一不危險的殺蟲劑，也是最便宜的殺蟲劑，這就是為什麼要先從它開始的原因了。

## 驅趕蒼蠅

面對蒼蠅的侵襲，在家裏放上一只或幾個盛有熱醋的容器就能使蒼蠅徹底遠離，但同時也得忍受這種「療法」，因為熱醋的氣味很重。

**用醋捉不到蒼蠅**

法國老祖宗說的這句話裏並沒有什麼複雜的意思：糖分能引來蒼蠅，還有些人說酒能吸引蒼蠅，但沒有人說醋能引來蒼蠅。相反地，醋會驅趕蒼蠅。賽居爾伯爵夫人使這句幾乎成為諺語的話流傳多年，這句話的原文是：「用醋捉不到蒼蠅。」

# 保護衣物

## 保護容易褪色的衣服

一件會褪色或可能會褪色的新衣服需要先被浸泡在加了醋的溫水中。注意，儘管醋的刺激性比下面幾種東西要小，還是不要把雙手伸進醋水裏。漂白水是眾所周知最可怕的脫色劑，一些常用的去污劑也會使衣物褪色，例如酒精和氨水。

丙酮也同樣能去除幾乎一切污垢，有時甚至還能溶解用來盛裝它的容器，所以丙酮需要嚴加保存。醋與丙酮的不同之處在於醋同時具有兩個相互對立的特性：醋既能溶解物體，也能凝固物體。

永遠別忘記要先在不起眼的小角落裏做試驗的規則，在不易被看見的地方先試用一下，例如衣角、反面、捲邊處，因為除垢之後不知道會變成什麼顏色。值得一試的。因為使用純白醋對環境無害，不像幾乎所有被標榜為「正牌」的除草產品那樣有害。

## 恢復絲織品的色澤

濃度很稀的白醋水能使脆弱的布料恢復光彩，只要把布料浸泡在稀釋後的白醋水中即可。要注意的是，絲織品是很脆弱的，得先找個不顯眼的角落，試一下效果。無論如何，再也找不到刺激性比醋更小的產品了。

## 柔軟新衣

如果新衣服有點漿得太硬了，只要放進含有白醋的溫水裏泡一泡，就能使衣物變柔軟。還有一種更簡單的方法：把衣物放進洗衣機裏，用30℃以下的溫水洗一洗。

## 浸濕布料

用醋來浸濕布料和纖維，能避免造成浪費，因為水總會在滲入纖維前滑過布料表面，或是形成水珠。而用醋水浸濕布料時，醋水能很快滲入進去，使清潔因子立即活躍起來。讓布料在白醋裏反應，接着倒掉醋水，然後用木質刮刀或塑料刮刀輕輕刮去燒焦的地方，如果不能除去所有的污跡，那就再重複一次。

## 除去布料上燒灼的痕跡

對於這種情況沒有神奇的辦法，因為布料燒過之後纖維就被破壞了，醋雖然神通廣大，也不能變成織布機。不管怎樣，醋可以使布料的顏色變鮮豔，在燒過的地方放一點醋，能除去些許焦黑，從而恢復布料的顏色。把燒焦的布料放進純白醋裏去煮，小心不要把容器煮乾，讓布料在白醋裏反應，接着倒掉醋水，然後用木質刮刀或塑料刮刀輕輕刮去燒焦的地方，如果不能除去所有的污跡，那就再重複一次。

## 熨平褶皺

一個無意中形成的假褶皺，很少像老褶皺一樣頑固，例如捲邊的褶皺。使褶皺緩和甚至消失的辦法只有一個：用濃度為50%的白醋沾濕褶皺，摩擦它。不要等它完全變乾，趁它還濕濕的時候就用熨斗熨平。白醋能使凸起的地方變平，使原本起皺處的顏色變得更鮮豔。幸運的話，這個地方不會再形成褶皺了。

# 其他用法

## 清潔凝固的油漆刷

當你發現油漆後被遺忘在角落的刷子變硬了時，不要扔掉它，先試試最後的運氣：把刷子放進裝了白醋的鍋裏煮。這種方法奏效的機率是50%，這已經不壞了。

有時這個過程需要一些時間，有時當刷子上的油漆開始溶解之後還要更換白醋。請蒙住鼻子，或是到室外去做，因為熱醋會散發出一種刺激性氣味，難聞的機率是 100%。

弊端：有時刷子上的毛會脫落，反正刷子最後總歸是要扔掉的，再掉幾根毛也不會壞到哪裏去。

弊端：有時刷子上的毛會脫落，反正刷子最後總歸是要扔掉的，再掉幾根毛也不會壞到哪裏去。

## 防滑

防滑是醋鮮為人知的一種特性，很少人想得到。所有塗膠或類似塗膠的物品，如比較柔軟的塑料，都可以被黏着在物體的表面上，從放在書桌上的帶橡膠底座的鉛筆夾到腳上穿的塑膠鞋底都是如此。如果這些東西打滑了，或許是由於受到磨損而變光滑了，或許原因更簡單：蒙上灰塵了，這時只需塗上白醋，就能恢復它的黏着性了。

有些人甚至在把自行車騎到濕滑的路面上之前，先用白醋塗抹車胎以防滑，這麼做確實是有效果的，雖然效果無法持續很長的時間。但塗上白醋後可不要只顧着看地面上的反光標誌，就像玩橋牌的人說的，「盯得緊的人強過出老千的人」，所以騎車還是要看好路。地毯和草墊的防滑橡膠底座，也可以塗抹白醋來增強它們的黏着性。

# PART 4

## 醋與保健

醋除了有益身體健康，也有獨特的美容功效，可以防治曬傷，治療青春痘，使頭髮有光澤、不打結，去頭皮屑……

醋不論是對於家庭還是對於人身都很有幫助，但不要自己扮演醫生去亂用它。

每個家庭都應該預備至少一公升白醋，而且最好把它放在伸手可及的地方。

# 醋的功效

除了家居清潔，醋在人體健康方面的功效也非常廣泛，主要有如下功效：

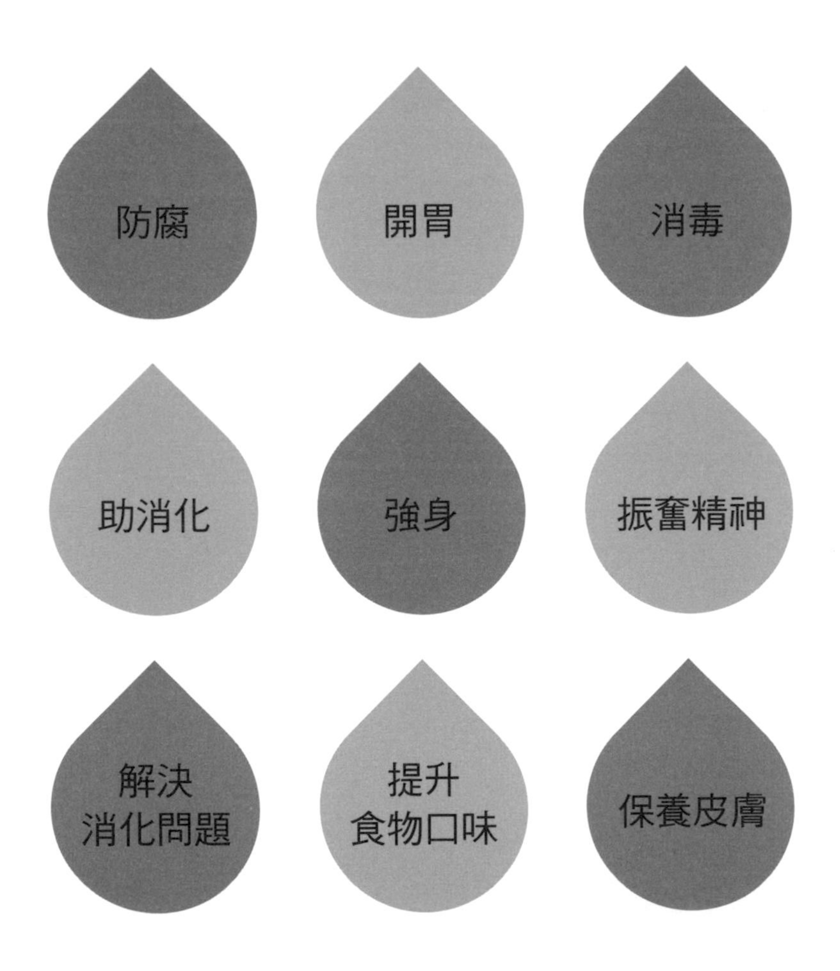

# 醋的應用

## 烏青、腫塊或挫傷

立即用醋冷敷傷口幾分鐘，用紙、布料或是海綿都可以，這不是最重要的。在傷口變乾之前，盡可能多停留一段時間。這樣做能避免傷口腫脹並緩解疼痛。

在家裏經常會受點小傷，身邊有醋的話就可以馬上採取措施，但是這並不意味着不需要去看醫生或藥劑師，如果受的傷嚴重的話，只有專業人士知道具體的治療的方法。

## 擦傷或小傷口

先把傷口浸到冷水中來止血，然後把濃度為 50% 的醋水用棉花團敷到傷口上，停留一會，記得不要把棉花團留在傷口上。醋和所有的清潔用品一樣，具消毒作用，而且它是一種不錯的癒合藥，這一點就不是一般清潔用品或去污產品能做到的了。

## 燒傷

濃度為 10% 左右的冷醋能緩解小燒傷的疼痛。當然還有一些有效的產品，例如藥房裏出售的藥膏。但是燒傷往往發生在廚房裏，而一般人的廚房裏總是找得到醋。

## 皮膚小傷口、搔癢

用浸了醋的棉布敷貼可以治癒一些小傷口、緩解搔癢，甚至還能減少老人斑。我們經常提倡使用蘋果酒醋，但葡萄酒醋也有差不多的功效。用濃度稀釋為 50% 的醋或者純醋塗抹，不要揉搓，在大多數情況下可以瞬間緩解搔癢，尤其是局部搔癢。如果沒有效果，就該去諮詢醫生。皮膚是面積最大的組織，能準確反映身體的整體狀況。

## 關節痛

用一塊蘸了醋的布去敷關節，能緩解關節暫時的疼痛。

## 喉嚨痛

用溫熱的醋水漱口可以緩解暫時的喉嚨痛。

## 鼻塞

把一小勺蘋果酒醋或葡萄酒醋含在舌頭底下，讓它流動幾秒鐘，然後吞嚥下去。這樣會感受到一股烈性的刺激感，伴隨着一種刺熱，但是這樣做是有益健康的。不過最好還是諮詢一下藥劑師或醫生，這種含醋法有沒有特別的禁忌。

## 頭痛

醋能幫助緩解偶發性的頭痛，把浸了醋的棉布敷在疼痛的部位，停留盡可能長的時間，如果棉布乾了就再蘸點醋。用同樣的方法還可以治療鼻塞，把一小勺醋含在舌頭下面，然後轉動舌頭，最後嚥下。這樣雖然有點嗆人，但能緩解鼻塞。

## 肌肉痛

如果是劇烈運動引起的肌肉痛，就洗個熱水澡，甚至用滾燙的水洗。如果是一種無名的疼痛，按摩或用醋敷能發揮緩解作用。這種醋可以是蘋果酒醋也可以是葡萄酒醋，醋的品質比它的產地更重要，白醋也能發揮效果。如果疼痛症狀延續，那就把醋洗掉，然後去看醫生。

## 腳腫脹或疼痛

在一次長途跋涉或試新鞋子試太久之後，把雙腳泡在醋水裏能放鬆和保養雙腳。用熱的醋水泡腳可以緩解穿新鞋造成的磨損，用冷水泡腳可以緩釋長途跋涉後的疲乏。

## 食物中毒

喝一杯醋水和一頓飯不進食只喝水可以幫助消除食物中毒，但如果症狀延續，那就需要去諮詢藥劑師甚至看醫生了。

## 噁心

用浸了醋的紗布冷敷或熱敷可以消除噁心，這種醋可以是蘋果酒醋也可以是葡萄酒醋。雖不能保證一定管用，但常常有效。

## 真菌引起的病

用蘸了醋水的紗布敷貼往往能除去細小的真菌，這是很多傳統治療方法都做不到的。如果胃受得了，每天早上喝半杯蘋果酒醋或葡萄酒醋能消滅體內的真菌。脫掉鞋子後，換下的襪子、絲襪等，把襪子或絲襪扔進洗衣機之前，先丟在醋水裏浸泡一段時間。如果衣物不能承受的話，就把貼身衣物都換成全棉的，因為全棉的衣物能承受至少 60℃ 的水溫。

## 昆蟲咬傷

在被昆蟲刺咬過的地方塗上純白醋，或是稀釋後濃度為 50% 的白醋可治療傷口，越早採取措施的效果越好，不過即使幾小時之後再做也仍然有效。這種方法對於被海蜇、海葵、有毒魚類以及蜘蛛咬傷都有效果。醋能殺菌消毒及緩解疼痛，而時間則會完成餘下的工作。去海邊遊玩時在沙灘用品包裏放一小瓶醋是個明智之舉。

還有些動物遠比上述的海中生物更危險，例如胡蜂、蜜蜂，尤其是大黃蜂。被一隻黃蜂刺到會引起一陣噁心反應，被一羣蜜蜂攻擊也是很危險的，因為被注入身體裏的毒素數量提高了。醋能緩解局部的疼痛和消腫。

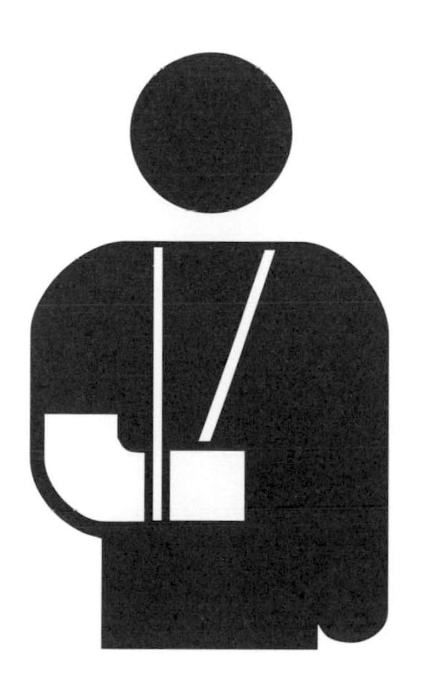

## 預防腸胃炎

在熱帶國家旅行，最怕染上腸胃炎，旅行者一進入熱帶國家往往會患上這種病，症狀是腹瀉，只要在飯前喝杯加了一小勺醋的水，最好是蘋果酒醋，如果沒有的話，葡萄酒醋也行，如此也許可以倖免於難，不會染上胃腸胃病。

在西方國家，自來水是可以直接飲用的，習慣喝自來水的人，可以在每公升自來水中滴幾滴醋。只有幾滴醋，水中不會有一股醋味，卻足以殺死大部分的細菌。

## 解渴

在一杯水中加入幾滴醋可以使水變得更解渴，口渴的感覺會消失得更快。同時，它還能消滅水裏的細菌，再說加了少量醋的水味道更好。古羅馬軍團的士兵飲用含有少許醋的水解渴，直到現在人們才發現醋的解渴作用。

# 皮膚護理

## 曬傷

對於傳統的曬傷，也就是海灘上的曬傷，可以敷上浸了醋水的紗布，就像處理青春痘一樣，記得不要揉搓。不僅刺癢的感覺會消失，也可以避免起水泡，幾天之後皮膚就會變白。條件允許的話，建議儘快用含有少量醋的冷水泡個澡。

* 注意：這裏討論的是輕微的曬傷，嚴重的曬傷必須採取緊急的醫學治療。

## 青春痘

用稀釋後濃度為 50% 的醋塗擦痘痘。請記得不要摩擦！

# 牙齒護理

## 潔白牙齒

每個月 1～2 次用約濃度 10% 的醋水刷牙，可以防止牙齒變黃。這也是研磨的潔牙粉裏常含有的成分。但是如果醋水的濃度過高，或者使用過於頻繁，也會損傷珍貴的牙齒。

醋確實能夠去除菸垢、茶垢，但牙齒怕酸，酸性的醋會使牙齒脫鈣，腐蝕琺瑯質，使牙齒表面變粗糙。

用醋刷牙也許牙齒是變白了，卻會變成「蜂窩牙」，甚至有蛀牙的風險。不僅喝醋如此，經常喝可樂、酸性果汁也會溶蝕牙齒的琺瑯質，所以平常喝完這類飲料後，得再喝清水漱漱口。

# 頭髮護理

## 頭髮有光澤

濃度為 10% 的醋溶液能使頭髮變得富有光澤。如果不想一直聞到醋味的話，讓醋溶液在頭髮上停留 1～2 分鐘之後用清水沖洗乾淨，氣味會在接下來的一小時內自動消失。

## 頭髮不打結

用一種與上面類似的醋溶液還可以使頭髮不打結，而且這種溶液的價格之低無與倫比。

## 去頭皮屑

用濃度為 50% 的醋用力按摩頭皮，這樣能減少頭皮屑。但是要知道，去屑沒有什麼特效藥，因為頭皮屑的產生往往意味着更深層的問題。如果用醋沒能解決問題，那麼就不要再猶豫了，趕緊找醫生諮詢吧！

## 頭髮不長蝨子

用與去頭皮屑一樣的方法來處理，如果效果不夠好的話，試試用純醋，使用後沖洗乾淨。

# 身體護理

老一輩的人常說，尤其是經常對年輕人說，略微豐滿能使人的身體感覺更好，遠遠比那些骨瘦如柴的人有魅力。太瘦的人就像衣架一樣，只適合用來擺造型，拍時裝照。

有個笑話說：「和瘦的人出去，卻和胖的人回來。」這句話從 20 世紀初以來就一直被引用。

## 解飢減肥

飯前喝半杯醋水能緩解飢餓，某些減肥藥還以這個為基礎配方。有何不可呢？但是找出肥胖的原因往往很容易，肥胖的症狀卻不容易消除。

不要太相信那些減肥套餐，不要偏食，應該各種食物都吃一點，但是要減少數量。當然，有些營養學家的確很優秀，但是騙子多的是，他們宣揚一些驚人的減肥成果，蠱惑人心。有些專家認為，那些所謂的減肥套餐正是導致西歐人肥胖的罪魁禍首，除此之外，這些減肥藥或所謂的減肥套餐還會造成營養失調，甚至非常嚴重的後果。

減肥藥越來越多，肥胖的人也越來越多，找出原因來吧！「所有東西都少吃一點」，比「不要吃這個，不要吃那個，那些也別吃」要好。這樣對身體有好處，有時候成效很驚人，雖然等成果出來需要一段時間，這樣吃對精神同樣有好處。

食用少量多次的醋有助減肥，最好是把醋加到飯菜裏，而不是像藥水一樣飯前飯後吞服。

## 泡澡

把幾匙甚至 1 ～ 2 杯的醋放入洗澡水中泡澡能緩解搔癢、緊緻皮膚和提高肌肉的張力。

＊建議：晚上用醋泡澡，同時具有舒緩疲勞的功用。

# PART 5

## 醋與美食

醋是一種用於提升食物味道的調味品，也有人說它是一種「增味劑」。

即使攝入過量也不會有壞處，反而能幫助消化及緩解各種頭痛。

醋最基本的功效是使食物變得容易消化，以及提升食物的味道。吃得開心，更要消化得好，才能使身體健康。

# 美味功能

## 提味及促消化

醋是一種用於提升食物味道的調味品，也有人説它是一種「香味添加劑」。

醋還有一種特質，就是其他大多數的調味品，例如糖、鹽、油或者亞洲菜裏的味精，都能發揮很好的調味作用；但是食用過量的話會使人生病，而且稍不注意就會攝入過量。但醋卻不同，它反而能幫助消化及緩解各種頭痛。

即使是少量的醋也可以解決日常生活中的眾多問題。在多數情況下，做菜時加的醋就足夠了，哪怕是酸醋調味汁也行，也就是第一道榨出的油與優質的醋調和所得的調味料，它能幫助消化，同時能提升食物口味，而且還會帶來一些很有用的物質。

醋最基本的功效是使食物變得容易消化，以及提升食物的味道。吃得開心，更要消化得好，才能使身體健康。不用試圖尋找一些神奇的烹飪法，就用一些含有醋的食物去代替奶油和油膩的醬汁，以及牛奶和大部分乳製品，除了奶油。

另外，還有一些可靠的方法，就是在不易消化的菜肴和配菜上加幾滴醋，這樣能使菜品變得容易消化些，而且不會增加氣味。不易消化的菜有很多，例如炒蛋、沙丁魚、紅肉、野味和炸魚。同樣的，當煮那些不易消化的蔬菜，如四季豆、蔬菜燒肉等時，在鍋裏加入少量的醋，能使這些菜煮得更熟，這樣也就會使這些蔬菜變得容易消化。

## 醋與檸檬

可以用來代替醋的是檸檬，但檸檬的味道更重，哪怕濃度很低也能感覺到它強烈的酸味。儘管醋和檸檬的來源、外表、味道（除了酸味）都大不相同，但它們仍有不少相似之處，例如用在醫療方面的功效。檸檬所含的檸檬酸有除臭、去污等功用，檸檬本身是極佳的興奮劑、減肥藥、平衡劑等。

**Tips**

**禁忌**

醋和檸檬可能導致胃食道逆流，症狀是胸口會有一種燒灼感。

# 美味菜譜

烹調美食的方法是數千年來所積累的經驗的結晶，它能使人體獲得均衡的營養。一些烹飪愛好者摸索出來很多美食烹飪配方。並不是因為我們喜愛醋，進而就成了烹飪專家，這裏要推薦的是一些最容易、最基本的烹飪法，但不一定是最廣為人知的。

## 焦糖和醋

材　料：焦糖適量、醋適量

作　法：

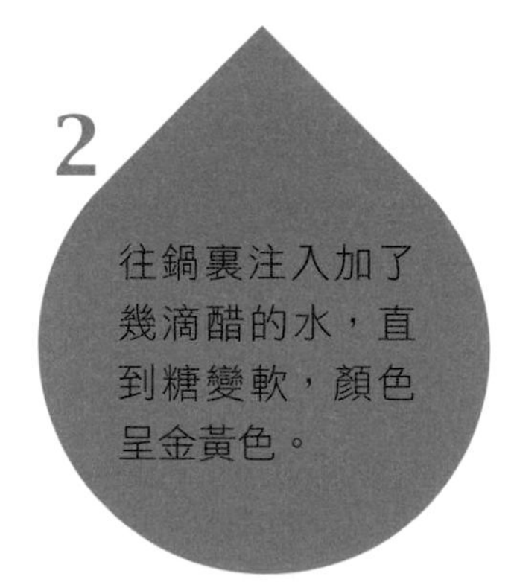


**TIPS**

醋能防止焦糖太快變硬，而且幾滴醋不會使焦糖帶上酸味。

# 醋雞

材　料：雞肉 250 克、奶油 50 克、鹽和胡椒適量、醋 10 毫升
麵粉 1 湯匙、香料

作　法：

1

平底鍋裏放入 50 克奶油，用大約 5 分鐘時間把雞塊烤黃，翻動 2～3 次。加鹽、胡椒。

2

趁熱把油水倒出，往鍋裏加入約 10 毫升醋來融解汁液，再用刮刀輕輕地刮去汁液並攪拌，然後倒進盤裏，翻動 2～3 次。加鹽、胡椒。

3

蓋上鍋蓋，用文火慢燉半小時，盛入盤子之前先把雞肉放涼。

4

在這段時間裏，往平底鍋裏倒入 10ml 的醋，然後攪拌約 5 分鐘。

5

把約 30 克奶油和 1 湯匙麵粉混合，加入剁碎的香料，如香芹、龍蒿、鹽和胡椒等。

6

一邊攪拌熱湯汁，一邊慢慢加入揉和後的麵粉牛油，最後把湯汁澆到雞肉上，會使雞肉變得更可口。

## TIPS

- 做湯汁的部分大約需要 15 分鐘，再加上燒煮雞肉半小時。
- 成功的祕密在於融汁這一步，這一步決定了味道的差異。

## 融汁

當在燒煮一些濃稠的食物，例如肉類之後，鍋底會沾上黏稠、凝結的汁液，想要盡可能取回這些汁液，得到美味的湯汁，就需要用醋來溶解、稀釋那些濃稠的汁液，同時用醋來增加湯汁的味道，再把它們倒出來，這個過程就叫做融汁。

## 加速醃泡

醃泡汁常被用來浸泡一大塊肉或野味，使之在食用前或下鍋前變得更柔軟，一般要醃泡幾小時甚至幾天時間。如果願意等，那麼沒問題；但如果有急用的情況，那麼最好知道醋比葡萄酒能更快使肉變軟。知道這一點之後，當要做一道比較複雜的菜，卻又沒有很充裕的時間時，就方便多了。當要在醋和葡萄酒之中選擇一樣時，這本小書就可以幫上忙了，其實這是口味問題。我們可以說有那麼多少種葡萄酒，就有多少種醋。

## 傳統融汁方法

材　料：煮肉後的汁液適量、醋適量

作　法：

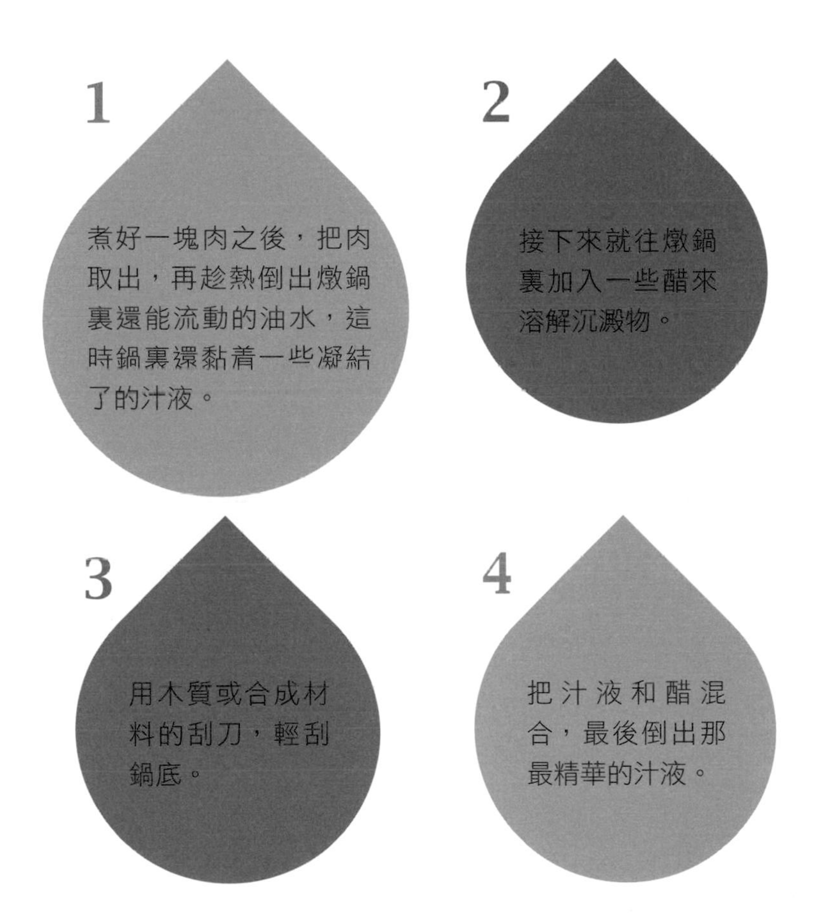


**TIPS**

醋並不是唯一的融汁劑，但是從技術層面和味覺層面上來看，它是最好的融汁劑。用醋融汁最適用於紅肉、鴨肉和野味，不但能增加味道還能使食物變得更容易消化。

## 完美的酸醋調味汁

找不出比使用酸醋調味汁更簡單更快捷的調味方法了，從櫥櫃裏到盤子裏只要不到一分鐘時間！

專業廚師往往在要用到之前才開始做酸醋調味汁；在家裏，我們可以提前準備好，但是一次不可準備太多，要儘快食用完。可以把它盛放到一個油瓶裏，例如，先選一個裝酸醋調味汁用的容器，其容量約為全家人吃 2 週的量。

至於口味，這取決於組成的成分，一點冷榨橄欖油加一點好醋，最好是葡萄酒醋，再加一點上等的芥末就更完美了。醋和油可以調和在一起，變成一種美味的酸醋調味汁。因為這兩種物質雖然是對立的，但不敵對，可以並存，一種潤滑，一種黏着！

**製醋**

「製醋」這個詞要追溯到 19 世紀了，甚至可能是 18 世紀，現今這個詞往往帶有「快速製作」的意思。但這個表達看上去有點不可理解，因為釀醋並不是一個很快的過程，尤其是傳統釀醋。

事實上，「製醋」這個詞源於小孩子的跳繩遊戲，在路上或是在校園裏，把那些跳得不靈活的叫作「倒油」，而把跳得很快的叫作「倒醋」，也就是把跳繩的速度與這兩種液體流動的速度做了比較。

## 酸醋調味汁

材　料：容積 1 毫升的瓶子 1 個、油 500 毫升
　　　　醋 250 毫升、芥末 2 匙

作　法：

1

用漏斗把芥末、醋和油一起倒入瓶中，蓋上瓶蓋。

2

搖晃瓶子，使調味料充分混合。

# 生蠔

材　料：生蠔

作　法：

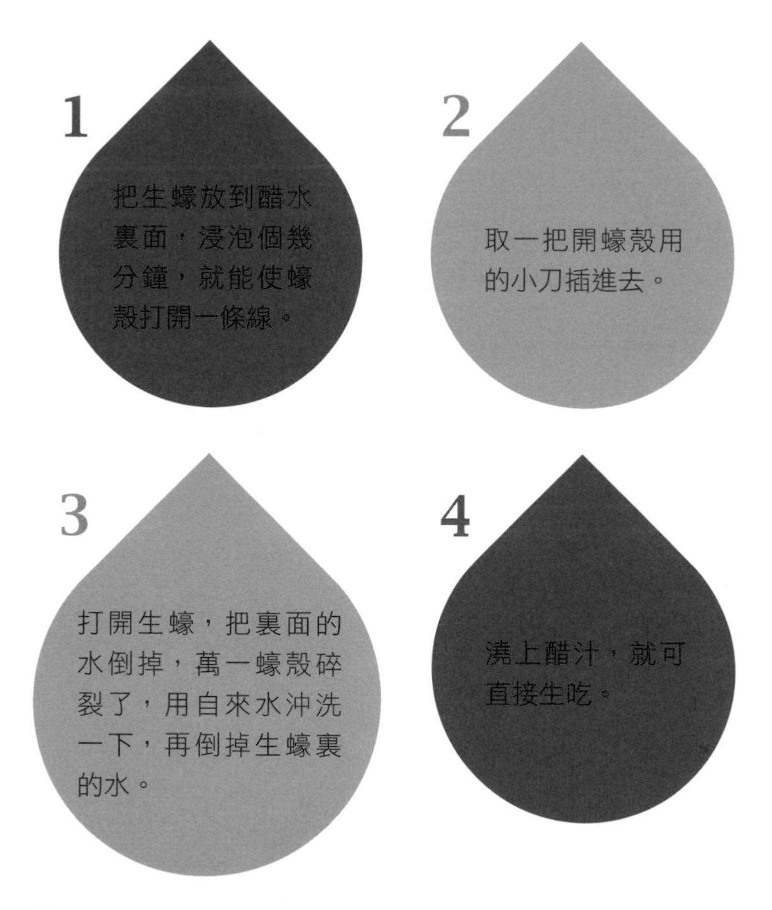


## TIPS

有人建議用香葱醋，醋比葡萄酒好，但若加一點蘋果酒，味道也還不錯，再加一點胡椒，也有人說香葱醋不足以調節生蠔的味道，所以不妨依照個人喜好的口味吃吧！

## 生蠔的吃法

吃生蠔的方法再簡單不過了：開殼，澆上檸檬汁，就可以直接生吃。但是如果手邊有檸檬，或是想嘗嘗不加檸檬汁的原味生蠔，可以加點醋，它的味道會令你感到震撼！

傳統上，生蠔是佐抹了奶油的麵包吃的，也有人喜歡配各種餡餅吃。在波爾多，人們喜歡以生蠔搭配小香腸吃。

## TIPS

- 注意：不要太早打開生蠔殼，只能在食用前的 2 小時之內開殼，一小時是最適宜的。
- 在開殼前，最好把它們放到陰涼的地方，但是不要收進冰箱裏，冰箱太冷了。
- 如果是冬天，或是沒有地窖，就把裝生蠔的籃子放到窗外，這比收到冰箱裏要好。

## 醋漬小黃瓜

材　料：小指大的小黃瓜或粗青瓜、粗鹽和白醋適量
小洋蔥、香料

作　法：

1

先用冷水清洗小黃瓜，再用粗布揉搓，小心不要擦破；或用熱水浸泡殺菌。

2

去掉小黃瓜的兩頭，浸泡在瓦罐中，放入粗鹽，浸泡 12 ～ 24 小時。

3

瓦罐裏的液體倒掉，瀝乾，把小黃瓜放回瓦罐裏，倒入加了醋的冷水。稍後再瀝乾瓦罐裏的液體。

4

把小黃瓜放入廣口瓶，依個人口味加入一些小洋蔥和其他香料，例如大蒜、香芹、龍蒿、丁香、月桂葉、辣椒、胡椒、百里香等。

5

倒入白醋，浸沒所有小黃瓜和香料，把廣口瓶封緊後倒置，置陰涼處至少 1.5 月。

### TIPS

- 最理想的是每年都做一些醋漬小黃瓜，然後每年吃的是前一年做的。
- 最好是小黃瓜、廣口瓶和配料都保持同樣的溫度，也就是是涼爽的溫度。
- 上文中提到倒置廣口瓶的步驟可能令人感到很困惑，其實道理很簡單，只是想確保廣口瓶確實是封緊的。

### 貯藏與回收白醋

白醋有一股酸味，它幾乎只含水和醋酸。基本上，它不會改變食物的外觀，也幾乎不影響食物的味道，雖然它能增加食物的刺激性，可以說對大多數食物而言它的功效是提味，而不是改變食物的味道，更不是改變食物的性質。因而它就成了理想的防腐劑，尤其以醋漬小黃瓜出名。

不論是醃製醋漬小黃瓜還是各種酸甜水果，當作防腐劑用的白醋是可以回收利用的，就像回收利用清潔劑一樣：放在水槽裏過濾一遍就可以了。只不過除了醋味之外，回收後的醋還會帶有小黃瓜或其他水果的氣味，這是白醋回收利用唯一的缺點。

## 香糟沙丁魚

材　料：沙丁魚 1 條、橄欖油適量、洋葱 2 ～ 3 顆

胡蘿蔔絲 300 ～ 400 克、大蒜 1 個（剁碎）、百里香 1 枝

葡萄酒醋 15 ～ 20 毫升、月桂樹皮和辣椒、鹽、胡椒粉適量

作　法：

1
把沙丁魚的內臟清空、割掉魚頭、刮去魚鱗。

2
在平底鍋裏加入橄欖油，加熱，然後放入沙丁魚煎 3 分鐘，把魚翻面再煎炸 3 分鐘，用漏勺把沙丁魚撈起來，把油瀝乾。

3
另取一只鍋沿稍高一點的平底鍋，加熱橄欖油，放入沙丁魚，把它們煎至呈金黃色。

4
放入洋葱、胡蘿蔔絲、蒜、百里香、月桂樹皮和辣椒，再加鹽、胡椒粉和葡萄酒醋，加蓋用小火煮 10 分鐘。

5
取出魚，瀝乾油，把魚平擺到盤子裏，用香料覆蓋，再用紙包住，收入冰箱至少 2 天。

6
製作過程僅約 30 分鐘，但是要預留放進冰箱 2 天的時間。

# 附錄

醋是不分國界的，尤其是在歐洲，世界各國的人是這樣稱呼醋的：

| 醋的語言 | |
|---|---|
| 英語 | vinegar |
| 德語 | Essig |
| 丹麥語 | Eddike |
| 西班牙語 | vinagre |
| 芬蘭語 | etikka 或 vinietikka |
| 弗拉芒語 | kelder |
| 希臘語 | ksidi |
| 匈牙利語 | ecet |
| 荷蘭語 | azijn |
| 義大利語 | aceto |
| 挪威語 | eddik |
| 葡萄牙語 | vinagre |
| 波蘭語 | ocet |
| 瑞典語 | vinnäger 或 attikä |
| 捷克語 | ocet |
| 中文普通話 | cu |
| 中文粵語 | jo |

# 品味生活｜系列

**健康氣炸鍋的美味廚房：**
**甜點×輕食一次滿足**

**陳秉文　著／ 楊志雄　攝影／250元**

健康氣炸鍋美味料理術再升級！獨家超人氣配件大公開，嚴選主菜、美式比薩、歐式鹹派、甜蜜糕點等，神奇一鍋多用法，美食百寶箱讓料理輕鬆上桌。

**營養師設計的82道洗腎保健食譜：**
**洗腎也能享受美食零負擔**

**衛生福利部桃園醫院營養科　著**
**楊志雄　攝影／380元**

桃醫營養師團隊為洗腎朋友量身打造！內容兼顧葷食&素食者，字體舒適易讀、作法簡單好上手，照著食譜做，洗腎朋友也可以輕鬆品嘗美食！

**健康氣炸鍋教你做出五星級各國料理：**
**開胃菜、主餐、甜點60道一次滿足**

**陳秉文　著／楊志雄　攝影／300元**

煮父母&單身新貴的料理救星！60道學到賺到的五星級氣炸鍋料理食譜，減油80%，效率UP！健康氣炸鍋的神奇料理術，美味零負擔的各國星級料理輕鬆上桌！

**嬰兒副食品聖經：**
**新手媽媽必學205道副食品食譜**

**趙素濚　著／600元**

最具公信力的小兒科醫生＋超級龜毛的媽媽同時掛保證，最詳盡的嬰幼兒飲食知識、營養美味的副食品，205道精心食譜＋900張超詳細步驟圖，照著本書做寶寶健康又聰明！

## 首爾糕點主廚的人氣餅乾：美味星級餅乾×浪漫點心包裝＝100分甜點禮物

**卞京煥　著／280元**

焦糖杏仁餅乾、紅茶奶油酥餅、摩卡馬卡龍……，超過300多張清楚的步驟圖解說，按照主廚的步驟step by step，你也可以變身糕點達人！

## 燉一鍋×幸福

**愛蜜莉　著／365元**

因意外遇見一只鑄鐵鍋，從此愛上料理的愛蜜莉繼《遇見一只鍋》之後，第二本廚房手札。書中除了收錄她的私房好菜，還有許多有趣的廚房料理遊戲和心情故事。

## 遇見一只鍋：愛蜜莉的異想廚房

**Emily　著／320元**

因為在德國萊茵河畔的Mainz梅茵茲遇見一只鍋，Emily的生活從此不同。這是Emily的第一本著作，也是她的廚房手札，愛蜜莉大方邀請大家一起走進她的異想廚房，分享生活中的點滴和輕鬆料理的樂趣。

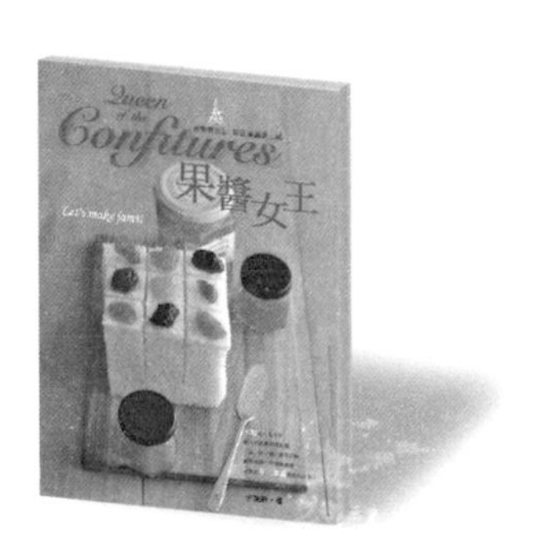


## 果醬女王Queen of Confiture

**于美瑞　著／320元**

耐心地製作果醬，將西方的文化帶入臺灣，做出好吃的果醬，是我的創意和樂趣。過了水果產季，還是能隨時品嘗到水果的美味食物，果醬的存在怎麼不令人雀躍呢？所以我想和大家分享，這麼原始又單純的甜美和想念的滋味。

# 品味生活 | 系列

**營養師最推薦的養生蔬果114種吃法，讓你遠離文明病、變美更健康**

**佟姍姍、楊志雄　著／320元**

蔬果不僅好吃，更對健康有所助益，本書介紹營養師最推薦的台灣好蔬果，教您認識它的營養成分、保健效果、盛產期，更教您如何挑選以及如何烹煮食材，讓家人吃得安心又開心。

**營養師推薦的313道健康養生活力飲**

**盧美娜、徐明駿　著／320元**

天天5蔬果，醫生遠離我。本書以黃、紅、白、紫黑、綠等5色蔬果，精選數十種代表性食材，教你在家自己調製各種美味的健康果菜汁。總共313道食譜讓讀者每天都能變化不同口味，怎麼喝也不嫌膩。

**首爾咖啡館的100道人氣早午餐：鬆餅x濃湯x甜點x三明治x飲品**

**李智惠　著／350元**

草莓可麗餅、格子鬆餅、馬卡龍；煙燻鮭魚貝果堡、蔬菜歐姆蛋三明治……本書蒐集首爾咖啡館最受歡迎100道早午餐點，輕鬆、易學、好上手，讓你在家也能享有置身咖啡館的幸福。

**戀上鬆餅的美味：輕鬆做出52款優雅好滋味**

**卡羅國際企業團隊　著／300元**

無論是初學者或是職人，只要一包鬆餅粉，司康、披薩、甜甜圈、杏仁瓦片、香蕉核桃蛋糕……多達52種各國點心，全都可以輕鬆完成，讓你在家享受多元的下午茶時光。